轻简化

Qingjianhua
Zhimian

植棉

董合忠 李维江 张旺锋 李雪源 等 著

U0349943

中国农业出版社

图书在版编目（CIP）数据

轻简化植棉／董合忠等著．—北京：中国农业出版社，2018.1
ISBN 978-7-109-23710-0

Ⅰ．①轻… Ⅱ．①董… Ⅲ．①棉花-栽培技术 Ⅳ．①S562

中国版本图书馆CIP数据核字（2017）第318591号

中国农业出版社出版
（北京市朝阳区麦子店街18号楼）
（邮政编码 100125）
责任编辑 郭银巧

中国农业出版社印刷厂印刷　新华书店北京发行所发行
2018年1月第1版　2018年1月北京第1次印刷

开本：880mm×1230mm 1/32　印张：5.375
字数：125千字
定价：42.00元
（凡本版图书出现印刷、装订错误，请向出版社发行部调换）

《轻简化植棉》著者名单

董合忠　李维江　张旺锋　李雪源　田立文　代建龙
孔祥强　杨国正　罗　振　郑曙峰　辛承松　李振怀
张冬梅　李　霞　卢合全　张晓洁　徐士振　唐　薇
艾先涛　郑巨云　龚照龙　梁亚军　张爱民　王俊铎
贾尔恒·伊力亚斯

目　录

1

1 概述

中国是世界产棉大国，棉花是我国大宗农产品和纺织工业主要原料，关系国计民生。但自21世纪以来，棉花种植用工多、劳动强度大、生产效率低的问题凸显，严重影响了我国棉花生产的持续发展。山东棉花研究中心等单位以轻简省工、节本增效为目标，以棉花"种、管、收"诸环节轻简化的技术瓶颈为导向，按照对传统精耕细作技术"既吸收继承又创新改造"的总体思路，突破精准播种、简化整枝、轻简施肥、节水灌溉、群体调控和集中成铃等关键技术并阐明了相关理论机制，建立了棉花轻简化丰产栽培技术体系，并在黄河流域、长江流域和西北内陆棉区广泛应用，平均省工27.3%～37.5%、减少物化投入9%～15%、增产6.5%～9.8%，取得显著的社会经济效益。棉花轻简化丰产栽培技术是中国特色棉花栽培学的重要创新与发展，显著提升了我国棉花栽培科技水平，开创出适合中国国情的轻简化植棉的新路子，为我国棉花生产从传统劳动密集型向轻简节本型转变提供了坚实的理论支撑与技术保障。

1.1 研究背景和技术路线概述

基于人多地少和原棉需求不断增加的基本国情，以高产为目标，经过新中国成立以后40多年的研究与实践，我国棉花科技工作者立足中国国情，于1990年建立了完善的棉花精耕细作栽培技术体系，并形成了相对完整的棉花栽培理论体系，为奠

1

定世界第一产棉大国地位作出了重要贡献。但是，进入21世纪以来，传统劳动密集型精耕细作栽培技术面临严峻挑战。一方面，棉花种植管理复杂繁琐，从种到收包括40多道工序，每公顷用工300多个，是粮食作物的3倍，属于典型的劳动密集型产业；另一方面，随着城市化进程加快，中国农村劳动力数量和质量均发生了巨大变化。自1990年以来，每年从农村向城市转移约2 000万劳动力，农村青壮年劳动力锐减，导致农村劳动力结构呈现老龄化、妇女化和兼职化的特征。与此同时，以高产主攻目标的生产技术过分依赖高投入造成农田生态环境不断恶化，棉花生产品质得不到提升，棉花市场竞争力逐年下降。

应对这一挑战，我们有两条路可走，一是学习美国、澳大利亚等发达植棉国家，走棉花生产全程机械化的路子。但是，棉花生产全程机械化是建立在高度规模化和标准化生产基础上的，而我国棉花生产经营除新疆生产建设兵团外，主要是一家一户分散种植，且种植制度和种植模式多种多样，既有一年一熟的单作种植，也有一年两熟甚至多熟的间作套种，尽管全程机械化可能是未来棉花生产发展的重要目标，但尚不完全符合中国国情，在相当长的一段历史时期内难以全面实施。二是按照现有条件、基础，走符合中国国情的轻简化植棉路子，依靠轻简节本、提质增效，全面提高我国棉花的市场竞争力。为此，我们提出了棉花轻简化栽培的理念，制订了科学合理的技术路线（图1-1）：

一是以轻简省工、资源节约、提质增效为主攻目标，通过简化管理程序、减少作业次数、农机农艺融合，着力实现棉花"种、管、收"诸环节的轻简化；

二是对传统精耕细作技术吸收继承、创新改造，既不全盘

2

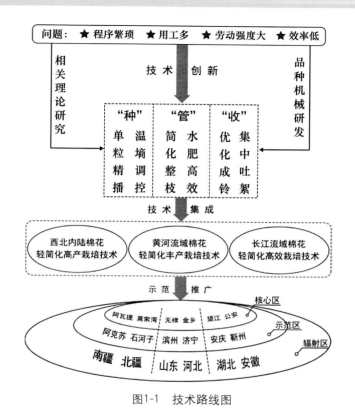

图1-1 技术路线图

否定精耕细作，也不走粗放耕作、广种薄收的老路，而是在吸收借鉴精耕细作技术精华的基础上创新发展，这是轻简化植棉研究的总体思路；

三是先突破精准播种、简化整枝、轻简施肥、节水灌溉、集中成铃等关键技术，阐明相关理论机制，并研制相应的农业机械、配套品种和新型肥料等物化专利产品；再根据不同棉区的生态、生产条件和实际需要，集成建立棉花轻简化栽培技术体系；

四是采用政府组织推动，农业技术推广部门、新型农业经营主体、科研教学机构和企业紧密结合，通过技术培训、示范辐射、高产展示等形式，在主要产棉区推广应用棉花轻简化丰产栽培技术体系，促进我国棉花生产从传统劳动密集型向轻简节本型转变。

1.2 轻简化植棉主要理论创新概述

阐明了单粒精播的壮苗机制。发现单粒穴播种子萌发出苗时，受到的机械压力较大，产生较多乙烯，促进棉苗弯钩形成，关键基因 *HLS1* 和 *COP1* 上调表达，利于弯钩及时形成并顶土出苗和脱掉种壳；出苗后每株棉苗皆有独立的生长空间，下胚轴伸长关键基因 *HY5* 和 *ARF2* 差异表达，棉苗敦实，发病率低，易成壮苗。单粒穴播下棉苗弯钩形成关键基因和下胚轴伸长关键基因的差异表达是单粒精播保苗壮苗的机制，为单粒精播减免间苗和定苗提供了理论依据。

揭示了密植抑制叶枝生长的机理。密植引起棉株激素代谢相关基因差异表达，一方面导致生长素类物质积累量在主茎顶端增加、叶枝顶部减少；另一方面降低了叶枝的光合作用，从而抑制了叶枝的生长发育。密植引起激素代谢相关基因差异表达、激素区隔化分布以及叶枝光合作用的降低，是密植抑制叶枝生长发育的重要机理，为合理密植简化整枝提供了依据。

明确了轻简施肥棉花的N素营养规律。^{15}N示踪发现，花铃期累积N占总量的67%，而累积的肥料N占总肥料N的79%；棉花对底肥N吸收比例最小、对初花N肥利用率最高。减施底肥、增施初花肥，或底施专用缓控释肥利于提高肥料利用率。底肥侧重供应营养生长，花铃肥则主要供应生殖生长；随施N量增加，供应蕾花铃的比例下降，供应叶枝和赘芽的比例却上升。确证了控释氮肥养分释放与棉花养分吸收基本同步或略早于养分吸收的基本特征；减氮并后移，或底施缓控释氮肥显著提高肥料利用率，且控制叶枝和赘芽生长。蒜后、麦后和油后直播早熟棉密植栽培，氮肥吸收高峰较春播棉提前。

解析了棉花轻简化栽培的丰产稳产机制。发现棉花对密度、播种期、一穴多株、株行距、施肥量、整枝等农艺措施的适度变化有较好的适应性，且不同因素间对产量有显著的互作效应。轻简化栽培棉花，一方面通过协调产量构成因素维持棉花产量的相对稳定，在一定范围内随密度升高，铃重降低、铃数增加；另一方面，通过干物质积累和分配的协同调节维持棉花产量的相对稳定，在一定范围内随密度升高，经济系数略降、干物质积累增加，最终保持了棉花经济产量的相对稳定。密度、氮肥和整枝对产量构成、生物量和经济系数互作显著，其中，简化整枝、减施氮肥、合理密植相配合更加节本增效。

建立了以优化成铃为核心的棉花合理群体结构指标。基于优化成铃、集中吐絮的需要，建立了轻简化栽培棉花的高光效群体主要指标。一是适宜的最大LAI，黄河、长江和西北内陆棉区分别为3.6～4.0、3.9～4.3、4.0～4.5。二是适宜的LAI动态，盛铃期以前LAI总体呈较快增长，最大适宜LAI在盛铃期出现，之后平稳下降。三是适宜的株高，黄河、长江和西北内陆高产棉花的适宜株高分别为100～110、110～120和75～85 cm，盛蕾期、初花期和盛花期株高日增长量分别为0.95、1.30和1.15 cm/d，1.5～2、2～2.5和1～1.5 cm/d，0.8、1.25和1.1 cm/d。四是适宜的节枝比，西北内陆、黄河和长江流域的适宜节枝比分别为2.0～2.5、3.5左右和4～4.5。五是果枝及叶片角度分布合理，新疆轻简化栽培棉花，在盛铃吐絮期冠层由上至下，叶倾角由大到小，上部61°～76°，分别比中部和

5

下部大14°和30°。六是适宜的棉柴比，发现棉柴比与收获指数呈正相关（R^2=0.9603**），黄河、长江和西北内陆轻简栽培棉花适宜棉柴比分别为0.8 ~ 0.9、0.9 ~ 1.0和0.75 ~ 0.85。七是充分发挥密植群体非叶绿色器官对冠层叶源的修饰和补充功能，生育后期非叶绿色器官占总光合面积的比例由35%增加到38%，对铃重的相对贡献率由30%提高到33% ~ 35%，优化冠层"光合源"分布。不同棉区棉花高光效群体量化指标的建立，为塑造高光效群体实现优化成铃、集中吐絮、简化栽培提供了可靠依据。

揭示了棉花适应分区灌溉的生理学机制。干旱地区灌水量减少20%，膜下分区灌溉棉花产量基本不减，但常规灌溉显著减产。利用嫁接分根系统模拟分区灌溉，发现分区灌溉诱导棉株地上部大量合成MeJA，并作为信号分子经韧皮部运输到灌水侧根系，促进*RBOHC*基因表达，增加了该侧根系中H_2O_2含量，一方面直接提高了根系中PIP蛋白含量，另一方面促进*NCED*基因表达、抑制*CYP707A*基因表达，增加了ABA含量，增强了PIP蛋白的活性，从而提高了灌水侧根系水力导度和吸收能力。明确了旱区次生盐碱地隔行滴灌诱导根区盐分差异分布、减轻盐害的机理。

1.3 轻简化植棉关键技术创新概述

建立了不同棉区棉花精准播种栽培技术。研发出以"宽膜覆盖边行内移、膜上单粒精确下种、膜下滴灌温墒调控"为核心的西北内陆棉区棉花精准播种保苗技术，为一播全苗壮苗提供了保障。建立了黄河流域一熟制棉花以"单粒穴播、肥药随施，免除间苗定苗"为特点的精准播种技术，节种

50%～80%，省去了间苗、定苗用工，并解决了常规播种易出现高脚苗的问题。针对黄河和长江流域两熟制棉花轻简化生产需要，发明了两苗互作穴盘育苗技术，制定轻简育苗移栽规范促进了棉花育苗移栽的轻简化；在改棉麦（油菜、大蒜）套种为麦（油菜、大蒜）后直播的基础上，建立了麦（油、蒜）后早熟棉机械精准播种技术，节省了大量物化和人工投入，实现了两熟制棉花的轻简化。

建立了棉花轻简化肥水高效运筹技术。一是确定了最佳施肥量。以安徽、湖北为代表的长江流域棉区适宜施N量为 240～270 kg/hm^2，N：P_2O_5：K_2O 比例为1：0.6：0.8。以山东、河北为代表的黄河流域棉区适宜施N量，中低产田 195～225 kg/hm^2、高产田225～240 kg/hm^2，N：P_2O_5：K_2O 比例为1：0.6：（0.7～0.9）。以新疆为代表的西北内陆棉区适宜施N量为270～330 kg/hm^2，N：P_2O_5：K_2O 比例为 1：0.5：（0～0.3），采用水肥一体化时还可减少15%左右。二是研制出养分释放与棉花养分吸收相同步的专用缓控释肥并制定施用技术。长江流域棉区采用一次基施缓控释肥或"一基一追"，施肥次数减为1～2次，缓控释肥80%用量与速效肥100%用量等效；黄河流域棉区采用一次性基施缓控释肥，播种时深施行下，施肥次数减为1次。三是建立了以合理密植、部分根区滴灌、水肥融合为关键措施，并由灌溉咨询决策系统支持的西北内陆棉区节水灌溉水肥同步运筹技术，在保证丰产稳产前提下较传统灌溉节水20%。

创立以控制或利用叶枝为核心的轻简化整枝技术。一是建立低密度条件下的叶枝利用技术，每公顷留苗2.7万～3.75万株，保留叶枝并在主茎打顶前5～7 d打顶，充分发挥其"先扩源、后增库"的作用。二是建立中等密度条件下的粗整枝技术，于 6 月中旬出现 1 ～ 2 个果枝时，撸掉第一果枝下的叶枝和主茎叶，较精细整枝简便快捷。三是建立高密度条件下的晚整枝技术，利用合理密植的小个体、大群体抑制叶枝生长，并配合化控减免去叶枝环节。其中，西北内陆水肥药紧密结合，黄河流域提早化控（由盛蕾期提前到现蕾期）并增加次数（由 2 ～ 3 次增至 3 ～ 4 次）。建立与简化整枝相配套的化学封顶和机械打顶技术，进一步简化了整枝，提高了效率。

建立以协调冠根、优化成铃为目标的指标化群体调控技术。西北内陆棉区以"调冠养根"为主线：一是选用适宜品种，采用精加工种子，精细整地，适时单粒精播，确保一播全苗壮苗而形成稳健的基础群体；二是适当降低密度，南疆收获株数降为 15.0 万 ～ 18.0 万株/hm^2，北疆降为 16.5 万 ～ 21.0 万株/hm^2，单株果枝数 8 ～ 12 个，株高 70 ～ 85 cm；三是优化行株距和膜管配置，宽膜覆盖边行内移，合理滴灌优化根区环境，促进根系发育；四是协同化控与水肥运筹，化学封顶并配合水肥一体化管理，优化冠层结构和成铃质量，确保棉田水肥光温资源高效利用。五是改进脱叶催熟技术和脱叶效果监测技术，提高脱叶效果。内地棉区以"控冠促根"为主线：一是适增密度，长江流域在原有基础上每公顷增加 0.75 万株，达到 3 万株/hm^2左右，黄河流域在原有基础上每公顷增加 1.5 万 ～ 3 万株，达到 6 万 ～ 9 万株/hm^2，株高普降 10% ～ 15%（10 ～ 20 cm）；二是改大小行种植窄膜覆盖小行为等行距宽膜覆盖，适时破膜促根下扎；三是低洼地垄作栽培并配合密植减少漏光损失和烂铃；四是缩节胺控制株高、塑造株型，适时适度封行。

筛选、培育出系列适宜轻简化栽培的棉花品种并研制出精量播种机械。筛选出 8 个适宜新疆轻简化种植的棉花品种，7 个适宜安徽、湖北等省轻简种植的棉花品种，5 个适宜山东等省轻简化种植的棉花品种。培育出 K638、K836 和鲁棉 522 等 5 个适宜轻简化栽培的棉花新品种。其中，K638 于 2010 年通过山东省审定，2015 年获得植物新品种权证书，该品种后期叶功能好、抗早衰、铃大、吐絮畅、易采摘，是山东省棉花良种补贴主导品种和山东省主推品种，适合盐碱地和沙薄地轻简种植。K836 于 2012 年通过山东省审定，2017 年获得植物新品种权证书，该品种出苗好，叶枝弱、赘芽少、易管理；铃重 6.5 g、衣分 41.6%，吐絮畅而集中，含絮力适中，纤维长 31.3 mm、比强 31.1 cN/tex、马克隆值 4.6，适宜中等以上地力种植，是山东省主导品种和当前轻简栽培、机械采收的首选品种。鲁棉 522 于 2017 年通过山东省审定，该品种出苗较快，中后期长势较强。早熟性好，生育期 121 天。叶片中等大小，叶功能较好。铃卵圆形、中等大小，吐絮畅。铃重 6.2 g，霜前衣分 41.7%，籽指 10.6 g，纤维主体长度 29.1 mm，比强度 29.4 cN/tex，整齐度 84.6%，纺纱均匀性指数 135.8。抗枯萎病，耐黄萎病，高抗棉铃虫，适合两熟和多熟制棉田种植。研制出 2BMC-48 型棉花双行错位苗带精量穴播机、2MBZ-3-6A 型折叠式覆膜精量播种机和具有种床整备功能的 2BMJ-24A 型棉花覆膜精量播种机。

1.4 技术集成与推广应用概述

在突破单项关键技术的基础上，根据各棉区的生态、生产条件和现实需要，集成建立了区域针对性强、特色鲜明、先进适用的棉花轻简化栽培技术体系，并在主产棉区广泛应用。

1.4.1 技术体系的集成建立

建立以单粒精播减免间定苗为核心的黄河流域一熟制棉花

轻简化丰产栽培技术，被农业部确定为全国主推技术。主要内容为机械单粒精播减免间苗定苗，等行距中膜覆盖并适时揭膜控冠壮根，密植与化控配合实现简化整枝、优化冠层、适时适度封行，精简中耕与缓控释肥深施简化中耕和施肥，优化成铃结合脱叶催熟实现集中吐絮。平均减少用工37.5%、物化投入9%，增产皮棉5.8%。在此基础上，针对减少烂铃、控制早衰和机械采收的需要，建立了以适当晚播、合理密植、简化管理为核心的"晚密简"栽培技术，实现了内地机采棉从无到有的突破。其中采用"晚密简"栽培的早熟棉可以实现无膜栽培，为解决地膜污染提供了重要农艺技术。

建立以穴盘轻简育苗和简化施肥为核心的长江与黄河流域两熟制棉田棉花轻简化高效栽培技术，被农业部确定为全国主推技术。棉麦两苗互作穴盘育苗代替传统营养钵育苗、速效肥与缓控释肥结合实现 1 ～ 2 次施肥代替速效肥多次施用、密度由1.5万～ 2.25 万株/hm² 提高到 3 万株/hm² 左右促进集中吐絮，省工30.1%，节肥18%,平均增产4.7%。针对棉麦、棉油、棉蒜套作不利于机械化的难题，建立了蒜（油菜、小麦）后直播早熟棉轻简化栽培技术，通过选用生育期适宜、株型紧凑的早熟棉品种，5 月底以前机械抢时精准播种，减免间苗定苗；合理密植，开花后适时早打顶；化控、肥控结合，确保棉花适时适度封行，使物化和用工投入大幅度减少，经济效益进一步提高，并为最终实现机械采收奠定了基础。

建立以群体调控优化成铃为核心的西北内陆棉区棉花轻简化高产栽培技术，成为新疆主推技术。采用单粒精准播种保苗技术获得全苗壮苗和稳健的基础群体；通过"优化行株距和膜管配置"技术调冠养根；分区灌溉与水肥融合结合，水肥药统筹，农艺与农机有机融合，塑造既定指标的高光效群体并优化成铃、集中吐絮，节水减肥、节约用工。平均用工减少22.3%，节水15.5%，增产皮棉4.5%。在此基础上，制定棉花健株高产简化栽培技术：采用单株产量潜力大的杂交种或常规种，等行距种植并适当降密，再通过水肥药促控结合，健个体、强群体，形成高产优质、适宜机采的高光效群体结构。配套脱叶催熟新方法并辅之以脱叶效果精确监控，显著提升了新疆机采棉的品质，引领了全国机采棉的发展。

1.4.2 社会经济效益

采用政府推动、合作社带头，农技推广部门、专业合作社、科研单位和相关企业紧密结合、共同实施的推广服务路线，通过技术培训、示范辐射、高产展示等形式，截至2016年累计推广约467万hm²，新增经济效益160多亿元。培植农民专业合作社32个，培训农技人员和棉农10万多人次，取得显著的社会经济效益。

综上所述，本研究阐明了轻简化植棉的栽培学规律，突破了棉花轻简化栽培的关键技术，建立了分别适宜于黄河流域、长江流域和西北内陆棉区的棉花轻简化栽培技术，形成完整的技术体系，有效解决了我国棉花种植用工多、劳动强度大、耗能多、效益低等限制棉花生产可持续发展的瓶颈问题，促进了我国棉花生产从传统劳动密集型向轻简快乐型的转变，丰富发展了中国特色棉花栽培学理论与技术，促进了我国棉花科学技术的进步，扩大了中国棉花栽培科学的国际影响力。

参考文献

白岩，毛树春，田立文，等. 2017. 新疆棉花高产简化栽培技术评述与展望. 中国农业科学. 50(1):38-50.

董合忠，毛树春，张旺锋，等. 2014. 棉花优化成铃栽培理论及其新发展. 中国农业科学，47 (3): 441-451.

董合忠，杨国正，田立文，等. 2016. 棉花轻简化栽培. 北京：科学出版社.

董合忠，杨国正，李亚兵，等. 2017. 棉花轻简化栽培关键技术及其生理生态学机制. 作物学报，43(5): 631-639.

董合忠. 2013. 棉花轻简栽培的若干技术问题分析. 山东农业科学，45 (4): 115-117.

董合忠. 2016. 棉蒜两熟制棉花轻简化生产的途径——短季棉蒜后直播. 中国棉花，43 (1): 8-9.

董合忠. 2013. 棉花重要生物学特性及其在丰产简化栽培中的应用. 中国棉花，40 (9): 1-4.

卢合全，李振怀，李维江，等. 2015. 适宜轻简栽培棉花品种K836的选育及高产简化栽培技术. 中国棉花，42 (6) : 33-37.

卢合全，徐士振，刘子乾，等. 2016. 蒜套抗虫棉K836轻简化栽培技术. 中国棉花，43(2): 39-40, 42.

孙东霞，宫建勋，张爱民，等. 2014. 一种棉花双行错位苗带精量穴播机. ZL201410481287.4.

田立文，崔建平，郭仁松，等. 2013. 新疆棉花精量播种棉田保苗方法. ZL201310373743.9.

杨铁钢，郭红霞，侯玉霞，等. 2011. 植物两苗互作育苗方法. ZL201110044767.0.

Feng L, Dai J L, Tan L W, et al. 2017. Review of the technology for high-yielding and efficient cotton cultivation in the northwest inland cotton-growing region of China. Field Crops Res, 209: 65-72.

2 研究背景

　　基于人多地少的国情和原棉消费量不断增长的实际需要，以高产优质高效为目标，经过50多年的研究与实践，我国于2000年前后建立了适合国情、先进实用、特色鲜明的中国棉花高产栽培技术体系，并形成了相对完整的棉花高产栽培理论体系，为奠定世界第一产棉大国的地位作出了重要贡献。但是，一方面，依赖于传统精耕细作栽培技术的中国棉花种植业是一典型的劳动密集型产业，种植管理复杂，从种到收有40多道工序，每公顷用工300多个，是粮食作物的3倍，生产成本很高；另一方面，随着城市化进程的加快，我国农村劳动力的数量和质量都发生了巨大变化：自1990年以来，每年农村向城市转移劳动力约2 000万人。农村劳动力数量剧减并呈现出老龄化、妇女化和兼职化的特征，给新时期农业生产，特别是劳动密集型的棉花生产提出了严峻挑战，传统精耕细作的棉花栽培技术已不符合棉区"老人农业""妇女农业"和"打工农业"的现实需要。为应对这一挑战，近10多年来，我国棉花科技工作者，根据不同产棉区的生态和生产特点，以实现棉花生产的轻便简捷和节本增效为主攻目标，通过机械代替人工、简化种植管理、减少作业次数、减轻劳动强度，突破轻简化植棉关键技术并阐明了相关理论机制，集成建立了以精准播种减免间定苗为核心的黄河流域一熟制棉花轻简化丰产栽培技术，以轻简育苗、简化施肥为核心的内地多熟制棉花轻简化高效栽培技术，以节水减肥、群体调控、优化成铃为核心的西北内陆棉花轻简化高产栽培技术，走出了一条适合中国国情和需要、符合快乐植棉理念的轻简化植棉的新路子。

2.1 精耕细作面临的挑战

我国传统植棉存在的突出问题是管理繁琐、用工多，劳动强度大、生产效率低，资源消耗多，加上种植制度和方式复杂多样，户均植棉规模小，农机与农艺不配套，机械化程度低，亟需轻简化、机械化、组织化和社会化服务予以破解。

2.1.1 棉花管理复杂繁琐用工多

我国棉花生产周期长，并一直采用精耕细作的栽培管理技术，管理繁琐，用工多。在黄河流域棉区，棉花生长期6个多月，从种到收有40多道工序，管理繁琐、劳动强度大的问题一直十分突出（图2-1）；在长江中游棉区，棉花生产周期长达8个月，从种到收有50多道工序，包含制作育苗营养钵、播种、苗床管理、大田除草整地、打穴移栽盖膜、补苗定苗、病虫防治、施肥除草、化学调控、整枝打顶、收花晒花、撕膜拔秆等大量程序，不仅费工多而且劳动强度大。美国生产50 kg皮棉的平均用工量只要0.5个工日，而我国却高达20 ~ 30个工日，新疆生产建设兵团的平均用工量也达到4.9个工日。整个生育期每公顷棉田需要474个工日，同期种植水稻仅需要186个工日，而小麦仅需45个工日。棉田管理繁琐、用工多是制约棉花持续、健康发展的重要障碍。

图2-1　劳动密集型的传统棉花精耕细作栽培管理技术
（A.播种；B.放苗；C.整枝；D.中耕施肥）

2.1.2 复杂多样的种植制度和模式限制了轻简化和机械化植棉

　　自然、生态和社会经济因素的差异性决定了种植制度的多样性。种植制度是一个地区、一个民族和一个国家的农业基础生产力。它也是生产方式和栽培管理技术的决定因素。种植制度决定复种指数。复种指数是全年总收获面积占耕地面积的百分率。20世纪末全国棉田两熟和多熟种植面积占总棉田面积的2/3，复种指数达到156%；长江流域高效棉田的复种指数达到了250%～300%。黄河流域耕作制度改革实现了粮棉的"双增双扩"（粮食和棉花面积的双扩大和产量的双增加）。其中，套种是实现"双增双扩"的重要手段。但是套种费工费时，大面

15

积套种也成为棉花机械化和轻简化种植的重要障碍。就拿蒜棉套种来说，棉花需要3月底4月初人工制备营养钵，4月上旬播种，人工管理苗床，4月底5月初，人工在蒜田移栽棉花，同时大蒜还要人工抽薹、人工收获大蒜头；收获大蒜后，棉花要进行中耕除草、整枝打杈、防病治虫等管理，用工多、劳动强度大。虽然产出较高，但投入多，扣除物化和人工成本，纯收益并不高。据中国农业科学院棉花研究所毛树春组织开展的棉情监测结果显示，近些年来，我国棉田多熟制所占比例稳中有降，复种指数有所降低。2013年棉田复种指数为138%，比上年减5个百分点。其中，长江流域棉区复种指数183%，增7个百分点；黄河流域棉区复种指数142%，减4个百分点；西北内陆棉区复种指数110%，减3个百分点。全国一熟制棉田占播种面积达到66.9%，增3.9个百分点，面积320万hm^2；两熟制棉田占播种面积的28.7%，减2.2个百分点，面积152万hm^2。多熟棉田（三熟、四熟以上），占播种面积的4.4%，减1.8个百分点，面积18.4万hm^2。从变化趋势来看，我国棉田多熟制所占比例稳中有降，复种指数有所降低，这是为适应轻简化和机械化进行的有效调整。

在复种指数降低的同时，种植模式也在不断调整。一是棉田套种（栽）。2013年全国棉田间作套作模式占两熟面积的91.8%，面积139万hm^2。麦棉套种（栽）占两熟面积的5%，分布于长江流域和黄河流域棉区，其中江苏省占69.7%，四川省占57.8%，河南省占38.6%，湖北省占21.6%，江西省占5.7%，山东省占4.1%，安徽省占3.2%。油套棉占两熟面积的0.3%，湖南占7.8%，山东占0.5%。瓜类与棉花间套作占两熟面积的1.5%，分布在长江、黄河流域。蒜（葱）套栽棉占两熟面积的1.7%，集中分布在黄河流域棉区的济宁、菏泽和徐州等。菜瓜棉和麦瓜棉占两熟面积的2.1%，主要分布在长江流域（湖北、湖南、安徽、河南）。绿肥棉占两熟面积的0.1%，四川占7.2%，湖北占1.5%。总体上来看棉田套种模式已经由过去的麦棉套种改为棉花与多种作物套种。二是棉田连种。该模式占棉田面积的8.2%，面积12.4万 hm^2。主要模式有油后移栽或直播、麦后移栽或直播、蒜后移栽或直播棉花。长江油菜收获后移栽棉占两熟面积的59.1%，成为主要模式；麦茬移栽棉占两熟面积的21.0%，主要分布于南襄盆地，黄淮平原和华北平原南部正在积极示范。目前，油后和蒜后直播早熟棉成为一种新的形式正在长江和黄河流域棉区试行。三是果棉间作。该模式在新疆维吾尔自治区和山东黄河三角洲地区皆有种植。2015年前后约有25万 hm^2，占当地棉田面积的25.8%。由于南疆果棉间作发展很快，大部果树业已长大成为果园，间作棉花已开始退出。

复种指数降低和种植模式的优化调整，无疑是为我国推进棉花轻简化和机械化生产进行的适应性调整。

2.1.3 棉花生产的组织化和规模化程度低

我国棉花种植多以家庭小生产为主体，户均植棉面积小，棉花种植零散，难以发挥先进植棉技术的增产效果。相比粮食生产，植棉业的社会化服务严重滞后，服务方式少，特别是长江流域棉区耕种管收的社会化服务刚刚起步。如果没有专业的组织生产，就难以形成规模。这方面西北内陆棉区的新疆走在了全国前列，其中新疆生产建设兵团植棉面积每年达53万 hm^2，以新疆生产建设兵团为一个大单位，单位内包含若干户棉农，除棉农之外，还有专业的农机工、棉花加工企业、棉花收购企业，也就是说，在这个大单位内，实现棉田统一播种、统一施肥管理、统一收获、统一加工销售，内部实现了产业化经营模式。内地推进棉花生产规模化不可能像一些国家那样实行大农场经营，主要形式应是通过棉花合作社把棉农组织起来，或者通过家庭农场，实行统一供种、统一耕作技术、同步管理，这样，才能根本改变棉花生产的落后状态。

2.1.4 机械化程度低

全国棉花机械化生产水平低。据毛树春和周亚立按国家农业行业标准测算，2010年全国棉花耕种收综合机械化水平38.3%，远远低于全国农业机械化水平（52.3%）。三大产棉区机械化率差异很大，其中西北内陆73.6%，黄河流域25%，长江流域只有10%。在棉花机械播种方面，黄河中下游流域棉区只有河北、陕西、山西、山东等省实现了大面积棉花机播，机播水平34%～97%不等；长江中下游流域棉区是三大棉区中机械化水平最低的，机播水平不到1%。以新疆为主的西北内陆棉区的棉花生产机械化水平现在处于全国领先水平，不过地方和兵团的差距也很大。新疆生产建设兵团机械化水平最高，2009年棉花生产机械化程度为77%，但棉花机收水平也只有23%。农村人口减少，加上农村劳动力转移，对于费时费力且效益低的棉花，亟需提高机械化水平。

2.1.5 生产成本高、资源消耗大和比较效益较低

由于中国生产资料价格上涨等因素，棉田生产资料等物化投入的成本不断增加。1978年每公顷棉花种植的物质与服务费用仅620元，2009年达到5 904元，2012年已经超过6 000元，以年均7.2%的速度增长。其中，化肥用量和价格的增长是造成投入增长的主要部分。1978年每公顷棉花种植的化肥支出为120元，占物质与服务总支出的19.5%；2008年达到2 532元，占

物质与服务总支出的41.8%，这主要是由于化肥价格的上涨所引起的。从劳动力投入的数量来看，棉花生产的劳动力投入量呈现明显的逐步下降趋势，但与其他农作物相比，仍然很大。1978年每公顷棉花生产需投入的用工平均高达915个工日，到2009年每公顷棉花生产平均需要300多个工日。随着棉花单产水平的增加，劳动生产率也随之不断提高。劳动工价显著上涨，带动人工成本显著增加。从劳动工价来看，呈现阶段性上涨的态势，1978—2009年，日工价从0.8元上涨到24.8元。雇工日工价从2004年起呈现快速上涨的态势，2009年增长到43.7元，由于劳动工价的上涨幅度大于劳动投入数量的下降幅度，使得棉花生产的人工成本显著增加。1995年以前，人工成本小于物化成本。从1995年开始，人工成本所占比例越来越大。尤其是2003年以来，人工成本保持快速增长势头，到2009年，每公顷棉花生产的人工成本达到8 625元，占棉花生产成本的54.3%。2001—2011年每公顷平均物化成本为4 230元，人工成本5 745元，总成本9 975元，纯收益5 835元。就具体年度来看，由于人工和生产资料价格不断上涨，棉花生产的纯收益不高，有些年份基本没有纯收益，如2008年每公顷平均利润仅为30元。与种植小麦、玉米、水稻等机械化程度高、用工少、收入稳定相比，植棉比较优势减弱。总之，由于随着农村劳动力转移、劳动力数量减少，要满足"80后"和"90后"这些新型劳动者的需求，亟需从劳动密集型向技术密集型转变，用轻简化、机械化替代传统的精耕细作。

2.2 轻简化植棉的产生和意义

研发轻简化植棉技术，在产量不减或增加的前提下，实现棉花生产的轻便简捷、资源节约，是棉花生产持续发展的必由之路。但是，棉花轻简化栽培概念和内涵的形成与完善经历了较长时间的探索和实践。

棉花具有其他大宗作物所不具备的生物学特性，如喜温好光、无限生长，自我调节和补偿能力强等，比较适合精耕细作，加之人多地少、不计人工成本的国情，导致棉花栽培管理一直比较繁琐，费工费时。特别是营养钵育苗移栽和地膜覆盖栽培以及棉田立体种植技术的推广应用，使得棉花种植管理更加复杂繁琐。

和其他作物栽培技术的发展历程一样，棉花栽培技术也经历了由粗放到精耕细作，再由精耕细作到轻简化的过程。实际上，我国在新中国成立之初就开始注重研发省工省时的栽培技术措施，如在20世纪50年代就对是否去除棉花营养枝的措施开始讨论研究，为最终明确营养枝的功能进而利用叶枝或简化整枝打下了基础；20世纪80年代以后推广以缩节胺为代表的植物生长调节剂，促进了化控栽培技术在棉花上的推广普及，不仅提高了调控棉花个体和群体的能力与效率，还简化了栽培管理过程。2001—2005年，山东棉花研究中心承担"十五"全国优质棉花基地科技服务项目——"山东省优质棉基地棉花全程化技术服务"。该项目涉及了较多棉花简化栽培的研究内容，研究实施过程中，我们建立了杂交棉"精稀简"栽培和早熟棉晚春播栽培两套简化栽培技术。前者选用高产早熟的抗虫杂交棉一代种，采用营养钵育苗移栽或地膜覆盖点播，降低杂交棉的种植密度，减少用种量，降低用种成本，充分发挥杂交棉个体生长优势；应用化学除草剂定向防除杂草，采用植物生长调节剂简化修棉或免整枝，减少用工，提高植棉效益，达到高产优质、高效的目标，重点在鲁西南棉区推广。后者是选用早熟棉品种，晚春播种，提高种植密度，以群体拿产量，正常条件下可以达到每公顷1 125 kg以上的皮棉产量，主要在热量条件较差的旱地和盐碱地以及水浇条件较差的地区推广。2005年以后国内对省工省力棉花简化栽培技术更加注重，取得了一系列研究进展，包括轻简育苗代替营养钵育苗、杂交棉稀植免整枝、采用缓/控释肥代替多次施用速效肥等，特别是对于农业机械的研制和应用更加重视。但限于当时的条件和意识，对棉花轻简化栽培的含义和内容并不清晰。

2007年中国农业科学院棉花研究所牵头实施了公益性行业（农业）科研专项"棉花简化种植节本增效生产技术研究与应用"，开始组织全国范围内的科研力量研究棉花简化栽培技术及相关装备。该项目主要开展棉花栽培方式、栽植密度、适宜栽植的品种类型、科学施肥、控制"三丝"污染等方面研究，通过公益立项、联合攻关，采取多点、多次的连续试验，把各个环节的机理说清楚搞明白，在此基础上形成创新技术并应用，逐步促成棉花种植技术的重大变革。在2009年的项目总结会上（图2-2），项目主持人喻树迅院士认为，当前我国棉花生产正面临着从传统劳累型植棉向快乐科技型植棉的重大转折机遇。在完成了棉花品种革命——从传统品种到转基因抗虫棉、再到杂交抗虫棉的普及阶段，今后亟待攻克的将是如何让劳累繁琐的棉花栽培管理简化轻松，变成符合现代农业理念的"傻瓜技术"，使棉农从繁重的体力劳动中解脱出来，在体验"快乐植棉"中实现高效增收。今后要强化"快乐植棉"理念，将各自的技术创新有机合成，形成具有核心推广价值的普适性植棉技术。在公益性行业（农业）科研专项开始执行后不久，国家棉花产业技术体系成立，棉花高产简化栽培技术被列为体系的重要研究内容，多个岗位科学家和试验站开展了相关研究。

图2-2　行业专项"棉花简化种植节本增效生产技术研究与应用"总结会
（A为2009年11月27日，济南；B为2010年11月29日，河南安阳）

2011年9月在湖南农业大学召开的"全国棉花高产高效轻简栽培研讨会"上，官春云院士提出了"作物轻简化生产"的概念，喻树迅院士正式提出了"快乐植棉"的理念，毛树春和陈金湘提出了"轻简育苗"的概念。受以上专家报告的启发，结合我们在山东多年的探索和实践，特别是2015年12月6日，山东棉花研究中心邀请华中农业大学、安徽农业科学院棉花研究所、河南省农业科学院经济作物所、新疆农业科学院经济作物所等单位的相关专家，在济南市召开了轻简化植棉论坛，进一步明确了棉花轻简化栽培的概念，也同时确定了棉花轻简化栽培的内涵、技术途径和不同棉区的轻简化栽培技术规程。

2.3 轻简化与精耕细作、全程机械化的区别

2.3.1 棉花轻简化栽培的概念和内涵

棉花轻简化栽培是指简化种植管理、减少田间作业次数，农机农艺融合，实现棉花生产轻便简捷、节本增效的耕作栽培方式

与方法。广义而言，棉花轻简化栽培是以科技为支撑、以政策为保障、以市场为先导的规模化、机械化、轻简化和集约化棉花生产方式与技术的统称，是与以手工劳动为主的传统精耕细作相对的概念。

需要注意的是，棉花轻简化栽培首先是观念上的，它体现在栽培管理的每一个环节、每一道工序之上，是全程简化，而不限于某个环节、某个时段。其次，棉花轻简化栽培是相对的、建立在现有水平之上的，其内涵和标准在不同时期、不同地区有不同的约定；基于此，轻简化栽培还是动态的、发展的，其具体的管理措施、机具种类、保障技术等都在不断提升、完善和发展之中，这就要求轻简化栽培既要因地制宜，又要与时俱进。轻简化栽培是精耕细作栽培的精简、优化、提升，绝不是粗放管理的回归。

棉花轻简化栽培具有丰富的内涵。"轻"是以农业机械为主的物质装备代替人工，减轻劳动强度；"简"是减少作业环节和次数，简化种植管理；"化"则是农机与农艺融合、技术与物质装备融合、良种良法配套的过程，体现出轻简化栽培技术的系统完整性。轻简化栽培必须遵循"既要技术简化，又要丰产、优质，还要对环境友好"的原则。技术的简化必须与科学化、规范化、标准化结合。轻简化栽培不是粗放栽培，粗放的、不科学的简化栽培，与丰产背道而驰，绝不是棉花轻简化栽培的目标，因此，轻简化栽培必须以解决简化与优质丰产的矛盾作为出发点。轻简化栽培是对技术进行精简优化，用机械代替人工，用物质装备予以保障，以此解决技术简化与高产的矛盾。

单粒精播是棉花轻简化栽培的核心。棉花机械化的前提是适度规模化和标准化种植，而标准化种植的基础则是精准播种，棉花种、管、收各个环节的简化都依赖于精准播种，而农机与农艺融合也是从精准播种开始的。精准播种是棉花轻简化栽培的基础环节，至关重要。无论是播种、管理还是收获，要尽可能使用机械，用机械代替人工；尽可能简化管理、减少工序，减少用工投入；努力提高社会化服务水平，提高植棉的规模化、标准化，这些都是实现棉花轻简化生产的根本途径。

2.3.2 轻简化与精耕细作和全程机械化的区别

棉花轻简化栽培是以人为本，以科技为支撑，以市场为先导，与经济发展水平相适应的规模化、机械化、轻简化和集约化棉花生产方式与技术的统称，是与以手工劳动为主的传统精耕细作相对的概念。根据这一概念，可以看出棉花轻简化栽培与精耕细作、全程机械化栽培既有必然的联系、又有本质的区别。

首先，棉花轻简化栽培是对传统精耕细作技术的吸收继承和创新改造。中国特色作物栽培技术是基于我国人多地少基本国情发展起来的高产优质栽培技术，其基本原理、方式和方法一直随着时代的发展而进步，保持着自身的生命力和先进性。棉花轻简化栽培技术既不全盘否定精耕细作，更不是走粗放耕作、广种薄收的回头路，而是吸收继承和创新改造。如继续采用地膜覆盖提温保墒，单粒精播减免间苗定苗、密植加化控控制叶枝生长代替人工整枝、优化成铃集中收获代替多次收花等。

其次，农业机械等物质装备是棉花轻简化栽培的物质保障。包括播种、施肥、中耕、植保、收花在内的农业机械，以及新型棉花专用肥、植物生长调节剂、相应的配套品种等，都是棉花轻简化栽培所需要的，是必不可少的物质保障。没有相应的物质装备保障，轻简化栽培就是一句空话。

第三，棉花轻简化栽培更加强调量力而行、因地制宜、与时俱进，这是与全程机械化的最大不同。棉花生产全程机械化涉及到棉花品种、农艺栽培模式、田间生产管理、残膜回收、化学脱叶催熟、机械采收、棉花清理加工等诸多环节，必须达到以下要求：①土地农田标准化建设和适度规模化种植，农田路林渠、条田长度和宽度设计不合理，大型机械不能展开作业，就发挥不了作用和效益。②适宜品种，除具备高产、抗逆、适应性强等基本要求外，还要求纤维长度≥30 mm，纤维强力30 cN/tex，马克隆值小于4.8，成熟期相对集中，对脱叶剂敏感性强。吐絮畅，含絮力适中，株型紧凑，抗倒状。③标准化种植，种子发芽率和健籽率≥95%；要采用66 cm+10 cm宽窄行机采模式，播行端直，接行准确。④科学管理，最低结铃高度≥20 cm，最佳株高75～85 cm，不得低于60 cm，棉铃分布均匀，无倒伏。⑤化学脱叶催熟。要正确使用化学脱叶催熟技术，确保机采质量。⑥机械采收。脱叶率达到90%以上，吐絮率95%以上采用大型采棉机械采收。⑦清理加工，采用成套清理加工线进行烘干和清理。全程机械化生产如此严格苛刻的要求，对我国大部分产棉区尚不适应，无法开展。但是，棉花轻简化栽培则不同，其内涵和标准在不同时期、不同地区有不同的约定，其具体的管理措施、物质装备、保障技术等都在不断变化、提升、完善和发展之中。因此，轻简化栽培更适合中国国情。

参考文献

白岩，毛树春，田立文，等. 2017. 新疆棉花高产简化栽培技术评述与展望. 中国农业科学，50(1): 38-50.

代建龙，李振怀，罗振，等. 2014. 精量播种减免间定苗对棉花产量和构成因素的影响. 作物学报，40 (11): 2040-2945.

代建龙，李维江，辛承松，等．2013．黄河流域棉区机采棉栽培技术．中国棉花，40 (1): 35-36.

董合忠，毛树春，张旺锋，等．2014. 棉花优化成铃栽培理论及其新发展.中国农业科学，47 (3): 441-451.

董合忠，杨国正，田立文，郑曙峰，等．2016,棉花轻简化栽培.北京：科学出版社.

董合忠，杨国正，李亚兵，等．2017．棉花轻简化栽培关键技术及其生理生态学机制.作物学报，43(5): 631-639.

董合忠．2013．棉花轻简栽培的若干技术问题分析.山东农业科学，45 (4): 115-117.

董合忠．2013.棉花重要生物学特性及其在丰产简化栽培中的应用.中国棉花，40 (9): 1-4.

董合忠．2016．棉蒜两熟制棉花轻简化生产的途径——短季棉蒜后直播.中国棉花，43 (1): 8-9.

郭红霞，侯玉霞，胡颖，等．2011．两苗互作棉花工厂化育苗简要技术规程.河南农业科学，40 (5): 89-90.

卢合全，李振怀，李维江，等．2015.适宜轻简栽培棉花品种K836的选育及高产简化栽培技术.中国棉花，42 (6) : 33-37.

卢合全，徐士振，刘子乾，等．2016.蒜套抗虫棉K836轻简化栽培技术.中国棉花，43(2): 39-40, 42.

李霞，代建龙，董建军，等．2014.黄河流域棉花轻简化栽培技术评述.农业科学通讯（12）:196-198.

辛承松，杨晓东，罗振，等．2016.黄河流域棉区棉花肥水协同管理技术及其应用.中国棉花，43 (3): 31-32.

3 轻简化植棉主要理论创新

棉花原是多年生植物，经长期种植驯化，演变成一年生植物。因此，它既有一年生植物生长发育的普遍规律，又保留了多年生植物无限生长的习性。棉花原产于热带、亚热带地区，随着人类文明的发展逐渐北移至温带，因此，具有喜温、好光的特性。棉花的地理分布范围广，所处气候条件复杂多变，具有很强的抗旱、耐盐能力和环境适应性，对播种期、不同种植密度、株行距搭配、一穴多株、整枝、灌溉施肥等技术措施有较好的适应性。棉花是子叶出土作物，两片子叶出土并完全展开才完成出苗，一播全苗壮苗至关重要。在充分认识这些已知棉花生物学特性的基础上，我们研究阐明了单粒精播的壮苗机制，密植抑制叶枝生长发育的机制，轻简化栽培棉花高光效群体指标和丰产稳产机制，轻简施肥棉花的N素营养规律以及分区灌溉节水的机制，为精准播种、简化整枝、轻简施肥、节水灌溉、群体调控和优化成铃等轻简栽培关键技术的建立与应用提供了依据。

3.1 单粒精播的壮苗机理

不同于花生、蚕豆等子叶不出土或半出土的双子叶植物，棉花属于子叶全出土的双子叶植物，对整地质量和播种技术要求较高。基于这一生物学特性，传统观点认为，一穴多粒播种或者加大播种量有利于棉花出苗、保苗。实际上，这种传统认

27

识是对棉花生物学特性的有限认知，是在过去棉花种子加工质量和整地质量都比较差，且不采用地膜覆盖的条件下形成的片面认识。棉花子叶全出土特性并不影响棉花单粒播种，反而有利于单粒精播成苗壮苗。试验和实践证明，在精细整地和地膜覆盖的保证下，棉花单粒精播实现一播全苗壮苗是可行的，而且通过机械单粒精播并不影响工作效率。

大田试验研究表明，正常浅播（2.5 cm）条件下单粒穴播与多粒穴播（10粒）的田间出苗率没有显著差异。但多粒穴播棉苗的带壳出土率为16.5%，单粒穴播棉苗的带壳出土率为1.4%，说明多粒播种棉苗的带壳出土率显著高于单粒精播。棉苗2片真叶展开时，调查棉苗发病率、棉苗高度和下胚轴直径发现，单粒精播棉苗的发病率为13.5%，多粒播种棉苗的发病率为21.2%，多粒播种棉苗的发病率显著高于单粒精播；单粒精播棉苗的高度比多粒播种棉苗低35.6%，但单粒精播棉苗的下胚轴直径比多粒播种棉苗高29.3%，说明单粒精播更易形成壮苗（图3-1）。

*HLS1*基因是控制植物顶端弯钩形成的关键基因，*HLS1*基因表达上升导致弯钩形成，*HLS1*基因突变导致弯钩消失。*HLS1*基因表达受乙烯信号和光信号调控。乙烯积累能够诱导*HLS1*基因表达，促进弯钩形成；而光照则降低COP1蛋白含量，降低*HLS1*基因表达，抑制弯钩形成。*HY5*是控制植物下胚轴生长的关键基因，其表达受COP1蛋白抑制，拟南芥*HY5*基因突变可导致下胚轴显著伸长。种子出苗后，*HY5*基因表达上升导致下胚轴伸长减慢。发现在棉花中也存在*HLS1*、*COP1*以及*HY5*等基因，其表达模式也受乙烯和光照等因素的影响。植物在地下生长时，机械压力可诱导植物生成乙烯。棉花顶土出苗时会因顶土压力诱导乙烯的生成，与多粒穴播相比，单粒精播棉苗在顶

土出苗过程中受到的机械压力较大，产生的乙烯含量较高，能够促进弯钩快速形成；而多粒穴播顶土力量大，一方面单株受到的压力小，乙烯生产少，另一方面可使表层土提前裂开，光线照射到未完全出土的棉苗，导致COP1降解，*HLS1*基因表达降低，从而使弯钩提前展开，带壳出苗。单粒精播棉苗出苗后皆有独立的生长空间，互相影响小，易形成壮苗；而多粒穴播棉苗出苗后，棉苗积聚在一起，相互遮阴，*HY5*基因差异表达，导致下胚轴快速伸长，易形成高脚苗（图3-2）。弯钩形成和下胚轴伸长相关基因的差异表达规律，为单粒精播全苗壮苗提供了理论依据。

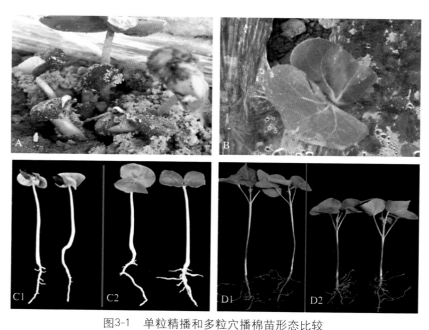

图3-1 单粒精播和多粒穴播棉苗形态比较

（A.多粒穴播带壳出苗；B.单粒精播正常出苗；C1.多粒穴播带壳出苗，C2.单粒精播正常出苗；D1.多粒穴播形成的高脚苗，D2.单粒精播形成的壮苗）

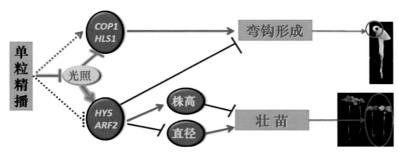

图3-2　棉花单粒精播的壮苗机制

　　基于棉花子叶全出土的特性和单粒精播种子全苗壮苗的要求，要重视棉花播种保苗环节。实现一播全苗壮苗的主要措施：一是平整土地，播种前20 ～ 30 d灌水造墒或者通过滴灌适时滴水实现"干播湿出"；二是播种前10 ～ 15 d晒种2 ～ 3 d，为防止混杂，可装在尼龙袋里晒，植棉大户还要做好发芽试验；三是采用地膜覆盖或营养钵育苗移栽等措施，促进棉花出苗和成苗，无膜栽培棉花要适当晚播；四是适时播种并掌握好播种深度，苗床播种要盖土2.5 cm，大田播种深度2.5 cm左右，中、重度盐碱地宜适当加大播种穴数；五是采用适宜的精播机播种，以保持统一的播种深度和播种均匀度，实现精确定位、定量播种。

　　总之，棉花是大粒种子，适合单粒精量点播；在保证精细整地和种子质量的前提下，机械单粒精播条件下的下胚轴更易适时形成弯钩顶土出苗并脱掉种壳，顶土出苗并不因单粒种子"个体"而弱化；单粒播种后每粒种子个体有独立的空间，互相影响小，与多粒穴播相比，苗壮、病轻、保苗能力增强。认识子叶全出土特性和单粒精播的壮苗机制，要求我们既要重视棉花播种环节，把工作做细，技术到位，又要增加单粒精播一播全苗的信心。

表3-1　单粒精播和多粒穴播出苗成苗能力及其机制

项　　目	单粒穴播 （精准播种）	多粒穴播 （传统播种）	两者比较
出苗率	高（≥70%）	高（≥70%）	无显著差异
带壳出土率	超低（1.4%）	较高（16.5%）	差异显著
棉苗发病率	较低（13.5%）	高（21.2%）	差异显著
2片真叶棉苗	下胚轴粗短，棉苗壮实	下胚轴细长，多为高脚苗	差异显著
弯钩形成和展开时间	促进弯钩形成的关键基因 $HLS1$ 和 $COP1$ 适时、适量表达，棉苗形成弯钩以最小的受力面积顶土出苗并适时展开弯钩和脱掉种壳	多粒种子顶盖过早见光导致 $HLS1$ 和 $COP1$ 基因表达下降，$HY5$ 和 $ARF2$ 基因表达上升，弯钩过早伸直，不利于脱掉种壳	皆能形成弯钩，但展开早晚差异显著
下胚轴伸长和棉苗长势	出苗后促进下胚轴伸长的 $HY5$ 和 $ARF2$ 基因表达降低，棉苗敦实，发病率低，易形成壮苗	出苗后促进下胚轴伸长的 $HY5$ 和 $ARF2$ 基因表达上升，棉苗细长，易形成高脚苗	下胚轴伸长差异显著

3.2　密植抑制叶枝生长发育的机理

叶枝对叶面积系数、生物产量和籽棉产量都有一定的贡献，受种植密度显著调控。随着种植密度升高，叶枝生长发育受到显著抑制，对生物量和经济产量的贡献显著减少（图3-3）：低密度时（1.5万株/hm²），叶枝叶面积系数占总叶面积系数的比例高达48%，占生物产量比重高达39.7%，占经济产量比重也高达38.2%；但随着密度升高，占比逐渐下降，在密度达到13.5万株/hm²时，叶面积系数、生物产量和籽棉产量的占比分别降为14.5%、9.7%和6.2%（表3-2）。

图3-3　不同密度下棉花株型和叶枝生长发育情况

（A、B和C分别代表3万、6万和9万株/hm²密度条件下的棉花单株）

表3-2　不同密度下叶枝叶面积系数、生物产量和籽棉产量

（2013—2014，临清市）

密度 (万株/hm²)	叶面积系数		生物产量(kg/hm²)		籽棉产量(kg/hm²)	
	叶枝	全株	叶枝	全株	叶枝	全株
1.5	1.36a	2.82d	2 389a	6 022e	1 078a	2 824c
4.5	1.31a	3.50c	2 103b	7 895d	939b	3 345ab
7.5	1.21b	4.02b	1 912bc	8 892c	434c	3 455a
10.5	0.96bc	4.36ab	1 335c	9 824b	302d	3 446a
13.5	0.68c	4.68a	1 072d	11 005a	208e	3 363b

注：为2年数据平均数；同列数值标注不同字母者为差异显著（$P \leqslant 0.05$）。

　　在一定密度范围内，随密度升高，棉株顶端生长优势增强，而叶枝生长被显著抑制：3万株/hm²条件下，植株横向生长旺盛，叶枝发达，其干重占棉株总干重的35%，而9万株/hm²条件下，叶枝干重占棉株总干重的比例不足10%。同时，高密度的叶枝数比低密度减少30%。分析表明，一方面，生长素合成基因 *YUC*、细胞分裂素合成基因 *IPT* 和赤霉素合成基因 *GA20ox*

的表达量及相应激素含量，随密度升高，在主茎顶端上升，在叶枝中下降；另一方面密植引起相互遮阴，降低了叶枝的光合作用，从而抑制了叶枝生长（图3-4）。进一步研究发现，肥水管理以及行距搭配甚至行向都影响叶枝的发育：①基肥越多或氮肥投入越多，叶枝发育越旺盛；②速效肥对叶枝的促进作用大于缓控释肥；③灌水越多、持续时间越长，叶枝发育越旺盛。因此，专用缓控释肥代替速效肥或者减少基肥、增加追肥，减施氮肥、平衡施肥，适度亏缺灌溉都是控制叶枝发育的有效途径；④行距搭配影响叶枝的发育，大小行种植、东西行向有利于叶枝发育，而等行距、南北行向种植有利于控制叶枝生长发育（图3-4）。

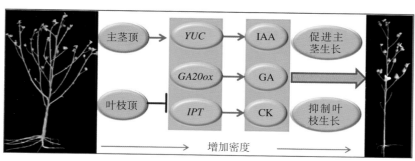

图3-4　密植抑制棉花叶枝发生的机理

3.3　轻简高效施肥的原理

3.3.1　棉花的氮素营养规律

围绕轻简施肥开展的^{15}N示踪试验表明，棉株累积的N素量，随施N量增加而增加，随生育进程而增加；累积速率随施N

量增加而加快，开花期最快，开花以前和吐絮以后均较慢，符合 Logistic 函数。花铃期累积的N素平均占总量的67%，并随施N量增加而上升；而累积的肥料N素平均占总肥料N素的79%，而且与施N量关系不大。但棉株对N的吸收速率，随施N量增加而加快。棉株体内积累的N素以肥料N素为主，平均占75%，随施N量增加而上升。肥料N在不同器官中所占比例随施N量增加而增加，但生殖器官最高，其次是营养枝，赘芽最低。

棉花对不同时期施入的N肥利用动态研究表明，棉株对底肥N的吸收主要在苗期和蕾期，且底肥N在棉株中所占比例以苗期最高(65%)，随生育进程而稀释，吐絮期仅占18%。棉株对初花肥N的吸收主要在开花期（93%），且首先在果枝叶（占32.4%）和蕾铃（占29.4%）中累积，然后转移至蕾铃（占69.8%），但随施N量增加在蕾花铃中比例大幅下降，在营养枝中比例大幅度上升。初花肥N在棉株中所占比例，开花期为49%、吐絮期为35%。棉株对盛花肥N的吸收利用率大致为56%，其中98%在结铃期吸收，盛花肥中N主要在蕾铃(占54.1%)中累积，随后其他器官累积盛花肥的N进一步向蕾铃（占70.4%)转移，但随施N量增加营养枝和赘芽中比例上升，盛花肥N在棉株中所占比例保持23%，随施N量增加而增加。棉株对肥料N的吸收率平均为59%，随施N量增加而提高，其中对初花肥中N的吸收率最高(69.6%)，对底肥中N的吸收率最低(48%)。肥料N的土壤留存率平均为12%，随施N量增加而下降，其中底肥中量施N处理的比例最高(17.2%)，盛花肥最低(8.2%)。肥料N损失率平均为29%，其中底肥和盛花肥损失率(34.6%、36.1%)高于初花肥(19%)，中量施N处理损失率(34%)高于其他施N量处理。

N肥后移（减少底肥N、增加花铃肥N或施用缓控释肥），使棉株对肥料N素吸收最快的时期维持在出苗后58～96 d；棉株吸收的肥料N分配给蕾铃和果枝叶的比例平均为71%，随N肥后移而进一步提高，吸收的土壤N分配给蕾铃和果枝叶的比例平均只有66%，不受N肥后移的影响；棉株对肥料N的吸收率、肥料N在土壤中的残留率均随N肥后移而增加，肥料N损失率却随N肥后移而下降。适当提高密度，能够提高氮肥利用率，表现出一定的以密代氮的作用。

3.3.2 控释N肥的养分释放与棉花养分吸收规律

采用释放期为120 d的树脂包膜尿素（含N 43%，包膜率4%）418 kg/hm^2（纯N 180 kg/hm^2），连同P$_2$O$_5$（来自过磷酸钙，含16% P$_2$O$_5$）150 kg/hm^2、K$_2$O（来自KCl，含60% KCl）210 kg/hm^2，播种前一次深施。测定发现，控释氮肥养分释放高峰在花铃期，而棉花对N素的吸收高峰期也是在花铃期；控释氮肥养分释放量在使用后110 d以前一直大于棉花植株的养分吸收（图3-5），说明控释氮肥养分释放与棉花养分吸收基本同步或略早于养分吸收，加之土壤养分的供应，能够满足生育期内棉花对氮素的需求。

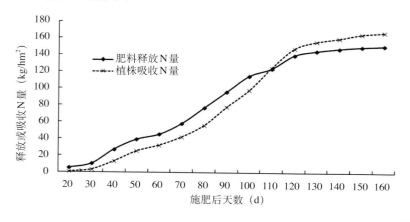

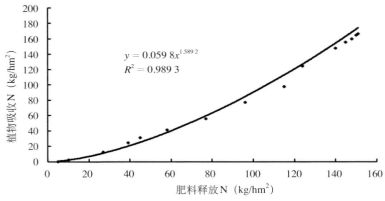

图3-5　控释氮肥养分释放与棉花植株养分吸收的一致性

总体来看，控释氮肥在苗期释放量小，而在棉花需肥高峰期达到释放高峰期，使土层中速效氮含量达到高峰值，也就是养分释放高峰期、根区养分含量高峰期与棉花养分吸收高峰期处于同一时段，因此通常情况下控释肥既满足了养分需求，充分利用了土壤中的氮素，又避免了氮肥流失，提高了氮肥利用率。但是，本项目研究和实践中也发现，大田条件下包膜控释尿素等控释肥养分释放受土壤温度、水分以及土壤理化性状等因素的影响，使得控释肥的养分释放与棉花营养吸收有时不能完全匹配，这可能是使用控释肥有时减产的原因。解决这一问题的途径有两条，一是通过改进包膜材料和加工工艺，研制养分释放与棉花吸收同步性好且受外界条件影响小的新型棉花专用缓控释肥；二是根据地力水平、产量目标和品种特点，通过添加一定数量的速效肥，制成专用缓控释掺混肥，既能较好地解决这一问题，又能降低纯用控释肥的成本，不失为当前条件下的一种有效选择。

棉花的N素营养规律为科学施肥、轻简施肥提供了理论依据，根据棉花需肥规律科学施肥、合理施肥，特别是速效肥和控

释肥配合使用，不仅能够提高肥料利用率，还能控制营养枝和
赘芽的发育，协调营养生长和生殖生长的关系，促进棉花产量
和品质的形成。

3.4 部分根区灌溉减轻盐旱胁迫的机理

3.4.1 部分根区灌溉显著节水

在旱区采用66 cm+10 cm方式种植棉花，一膜6行。滴灌
带铺设在小行和大行中间，设置3个灌水处理：一是饱和灌溉
（RI），每行两侧同时浇水，总量为3 900 m³/hm²；二是亏缺灌溉
（DI），每行两侧同时浇水，减少灌水量至3 300 m³/hm²；三是部
分根区灌溉（PRI），只在每个小行灌水，总量为3 300 m³/hm²。
结果显示，棉花生物量和经济产量受到灌溉处理的显著影响
（表3-3）。与RI相比，DI在2014年和2015年的生物量分别下降

图3-6　亏缺灌溉对棉花生长发育和产量的影响
（A为分区灌溉PRI，B为均匀灌溉DI）

了13.3%和14.8%，籽棉产量分别降低了11.6%和12.8%；尽管2014年和2015年PRI的生物量比饱和灌溉降低了5.9%和5.7%，但两年的籽棉产量与饱和灌溉相当，比亏缺灌溉增产10.5%～11.6%（图3-6）。与饱和灌溉和亏缺灌溉相比，PRI的灌溉水利用效率（IWUE）2014年分别提高了22.1%和21.6%，而2015年则分别提高了21.1%和21.6%（表3-3）。

表3-3　不同灌溉方式对棉花产量、收获指数和灌溉用水效率（IWUE）的影响

年份	灌溉方式	生物产量 (kg/hm²)	籽棉产量 (kg/hm²)	皮棉产量 (kg/hm²)	收获指数	IWUE (kg/m³)
2014	RI	15 273a	5 902a	2 341a	0.386c	1.97c
	PRI	14 368bc	5 768a	2 327a	0.401a	2.40a
	DI	13 234d	5 218c	2 042c	0.394b	2.17b
2015	RI	14 784b	5 623ab	2 249b	0.380d	1.87d
	PRI	13 948c	5 470b	2 233b	0.392b	2.28a
	DI	12 597e	4 901d	1 929d	0.389b	2.04c

* RI，DI和PRI代表饱和灌溉（每行两侧同时浇水，总量为3 900 m³/hm²），亏缺灌溉（每行两侧同时浇水，减少灌水量至3 300 m³/hm²）和部分根区灌溉（只在每个小行灌水，总量为3 300 m³/hm²）。

3.4.2 部分根区灌溉提高水分利用率的机理

利用嫁接分根系统和聚乙二醇（PEG6000）模拟部分根区灌溉（PRI,0/20% PEG）、饱和灌溉（RI,0/0）和亏缺灌溉（DI,10%/10% PEG），结合下胚轴环割、喷施茉莉酸合成抑制剂和基因沉默技术等，研究了部分根区灌溉提高水分利用率的机理（图3-7）。

图3-7　利用分根系统模拟部分根区灌溉

（左为饱和灌溉的对照，中为部分根区灌溉，右为亏缺灌溉）

　　发现分区灌溉减轻棉花干旱胁迫。分区灌溉提高灌水侧根系ABA、H_2O_2、茉莉酸甲酯（MeJA）含量，诱导灌水侧根系水通道蛋白基因（PIP）表达。MeJA和H_2O_2可上调PIP基因表达，增加灌水侧根系水力导度；ABA虽不影响PIP基因表达，但可增加根系的水力导度；MeJA可诱导ABA和H_2O_2的合成酶基因表达，增加ABA和H_2O_2的含量；H_2O_2也可增加ABA的含量。灌水侧根系环割，灌水侧根系MeJA含量降低，根系水力导度随之降低，说明地上部通过韧皮部向灌水侧根系转运MeJA，促进灌水侧根系水分吸收。分区灌溉条件下，干旱侧根系诱导地上部叶片产生MeJA，MeJA经韧皮部运输到灌水侧根系；MeJA上调RBOHC基因表达，进而增加根系中H_2O_2的含量。H_2O_2上调NCED表达并抑制CYP707A表达，增加根系中ABA的含量；H_2O_2上调根系中PIP表达量，增加根系水力导度；ABA可能通过增加PIP蛋白的活性增加根系水力导度，进而增加了抗旱性，提高了水分利用率(图3-8)。

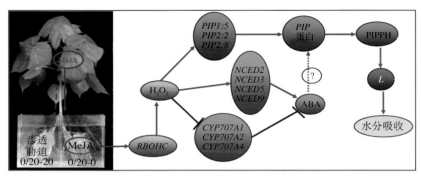

图3-8 分区灌溉提高棉花水分利用率的机理

总之，分区灌溉诱导棉株地上部大量合成MeJA，并作为信号分子经韧皮部运输到灌水侧根系，促进*RBOHC*基因表达，增加了该侧根系中H_2O_2含量，一方面直接提高了根系中*PIP*蛋白含量，另一方面促进*NCED*基因表达、抑制*CYP707A*基因表达，增加了ABA含量，增强了*PIP*蛋白的活性，从而提高了灌水侧根系水力导度和水分利用率。

3.4.3　部分根区灌溉诱导根区盐分差异分布的规律

采用66 cm+10 cm的方式种植棉花，滴灌输水带置于两行（小行）棉花之间，膜下水分呈不均匀分布，导致盐分也呈不均匀分布。以滴头所在位置为中心，水分的入渗曲线呈倒钟型，在滴量为300 m^2/hm^2时，水分入深宽度为30 cm左右，深度约为50 ～ 60 cm。这一水分不均匀分布，导致形成倒钟型分布的低盐区，宽20 cm左右，深30 cm左右，诱导盐分在根区形成分布（图3-9）。

部分根区滴灌导致根区盐分差异分布，高盐侧根系诱导产生耐逆信号传导到棉株地上部，然后信号分子传导到低盐侧根系，诱导低盐侧根系ABA合成基因表达、抑制ABA降解基因表

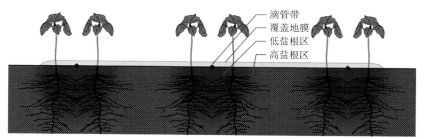

图3-9　旱区次生盐碱地隔行滴灌诱导根区盐分差异分布（白色代表含盐量）

达，提高了低盐侧根系 ABA 含量；ABA 诱导 H_2O_2 合成关键基因 *ROBHC* 的表达提高 H_2O_2 含量。H_2O_2 反馈抑制 ABA 合成，避免产生过多 ABA；ABA 和 H_2O_2 提高 *SOS1* 基因表达，促进低盐侧根系 Na^+ 外排，从而降低了地上部盐离子的含量；还提高了水孔蛋白基因 *PIP* 表达，促进低盐侧根系水分吸收（图3-10）。

　　利用表达谱进一步研究表明，盐分差异分布诱导地上部叶片中 Na^+ 外排和区隔化基因（*SOS1*、*NHX1* 等）表达，降低叶片中细胞质中的 Na^+ 含量，减轻离子毒害；高盐侧根系诱导低盐侧根系水孔蛋白基因、养分吸收基因大量表达，提高低盐侧根系水分吸收能力和养分吸收能力，降低渗透胁迫和盐胁迫导致的养分失衡；高盐侧根系诱导低盐侧根系 ABA 合成，ABA 诱导低

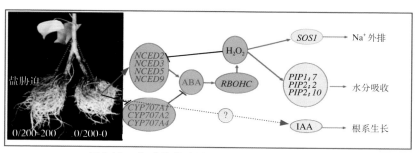

图3-10　盐碱地盐分差异分布减轻盐害的机理

盐侧根系H_2O_2合成，提高H_2O_2含量，H_2O_2提高低盐侧根系水孔蛋白基因（*PIP1*、*PIP2*）和*SOS1*基因表达，从而提高低盐侧根系水分吸收能力和Na^+外排能力。

3.4.4 向低盐根区施肥显著提高肥料利用率

　　利用分根系统结合水培模拟根区盐分差异分布，发现在根区盐分差异分布条件下，不论在哪一侧施肥，都有利于减轻盐害，改善棉花的生长发育，但是集中向低盐根区施肥，有利于肥料的吸收和棉花的生长发育（图3-11）。在同样施肥量的情况下，向低盐根侧施肥较向高盐根侧施肥，叶片Na^+含量降低了12.7%，而K^+和N含量分别提高了29.7%和22.8%，叶片叶绿素含量、光合速率和生物量分别提高了35.3%、33.3%和22.3%（表3-4）。可见向低盐根区定位施肥是盐碱地以肥改碱、提高肥料利用率的有效途径。

低盐侧施肥　　　　高盐侧施肥　　　　不施肥对照

图3-11　模拟根区盐分差异分布条件下低盐根区施肥减轻
　　　　盐害促进棉花生长的效应

表3-4　不同根区施肥对棉花生长和生理性状的影响

处理	叶片Na$^+$ (mg/g)	叶片K$^+$ (mg/g)	叶片N (mg/g)	叶绿素含量 (mg/g)	光合速率 (μmol CO$_2$ /m^2·s^2)	生物量 (g)
不施肥	40.6a	11.5c	20.1c	5.5c	7.2c	15.8c
高盐侧施肥	33.8b	14.8b	27.1b	6.8b	9.6b	24.2b
低盐侧施肥	29.5c	19.2a	33.3a	9.2a	12.8a	29.6a

3.5 以优化和集中成铃为目标的合理群体指标

当前各棉区群体结构是建立在高产基础上的，没有兼顾生产品质和成本投入，更少顾及采收投入的多少，十分不合理。主要体现在，西北内陆棉区密度过大，基础群体臃肿，株高过低，不利于机械化采收，且机采棉生产品质差；内地棉区密度偏低，基础群体不足，株高过高，结构分散，烂铃多，纤维一致性差，不利于集中采棉（图3-12）。

图3-12　不合理群体结构的表现
（A为新疆棉田，密度27万株／hm^2，株高60 cm；B为山东惠民县棉田，
密度3.6万株／hm^2，株高150～170 cm）

建立合理群体，一方面是为了提高光能利用率，进而提高产量；另一方面是通过优化成铃、提高霜前花率，实现集中收获和提高棉花生产品质。制订集中成铃、产量品质兼顾、节本降耗合理群体量化指标，是建立合理群体的依据。根据对西北内陆、长江流域和黄河流域三个主要产棉区的系统研究，确定的主要指标如下：

一是适宜的最大叶面积系数，即群体获得最大干物质积累量所需要的最小叶面积指数。新疆产棉区采用密植小株类型为4.0～4.5，黄河流域棉区采用中密壮株类型为3.6～4.0，长江流域棉区稀植大株类型为3.9～4.3。

二是适宜叶面积系数动态。苗期以促进叶面积增长为主，现蕾到盛花期叶面积系数平稳增长，使最大适宜叶面积系数在盛铃期出现，之后棉花生长趋向衰退，叶面积系数平稳下降（图3-13）。

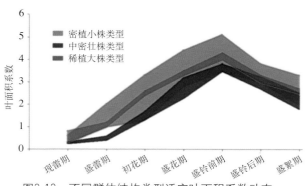

图3-13　不同群体结构类型适宜叶面积系数动态

三是适宜的株高。新疆产棉区密植小株型群体结构，皮棉单产2 250 kg/hm²以上，株高控制在75～85 cm，盛蕾期、开花期和盛花期株高日增长量以0.8 cm/d、1.25 cm/d和1.1 cm/d比较适宜；黄河流域棉区中等密度中等群体，单产皮棉1 875 kg/hm²

左右，株高控制在100 ～ 110 cm，盛蕾期、开花期和盛花期株
高日增长量以0.95 cm/d、1.30 cm/d和1.15 cm/d比较适宜；长江
流域棉区采用较低密度大群体，单产皮棉1 875 kg/hm²左右，
盛蕾期、开花期和盛花期株高日增长量以1.0 cm/d、1.4 cm/d
和1.2 cm/d比较适宜，最终株高110 ～ 120 cm。通过调控株高
和叶面积动态，确保适时适度封行（图3-14）。

图3-14　新疆棉花轻简栽培合理群体
（A为大小行隔行灌溉；B为等行距饱和灌溉）

　　四是适宜的节枝比，新疆高密小株类型群体结构，适宜节枝比为2.0 ~ 2.5；山东中密壮株类型群体结构，适宜节枝比为3.5左右；江苏稀植大株类型群体结构，适宜节枝比为4.0 ~ 4.5。

　　五是果枝及叶片角度分布合理，使棉花冠层中的光分布和光合分布比较均匀。新疆高产棉花，在盛铃吐絮期冠层由上至下，叶倾角（与主茎的夹角）由大到小，上部76°~ 61°，分别比中部、下部大15°左右和30°左右。直射光和散射光透过系数，盛蕾期最高，盛花期开始减弱，盛铃后期下降到最低值，吐絮期又有增加。冠层顶部叶倾角较大，底部较小，可从缩小果枝与主茎的夹角入手，缩小叶角（图3-15）。

图3-15　黄河流域传统和轻简化栽培棉花合理群体结构
（A和B为大小行种植的传统群体的花铃期和吐絮期；
C和D为等行距种植的轻简化栽培棉花合理群体的初花期和吐絮收获期）

六是适宜的棉柴比。棉柴比与收获指数呈显著正相关($y=4.6251x - 0.8496$, $R^2=0.9603**$），轻简栽培下黄河流域、长江流域和西北内陆棉区适宜的棉柴比分别为0.8～0.9、0.9～1.0和0.75～0.85。棉柴比是库源比例大小、库源关系和根冠关系是否协调的重要指标，西北内陆棉区和内地棉区分别通过"控冠护根"和"调冠养根"协调根冠关系和库源关系，是实现正常熟相的有效途径。

七是充分发挥密植群体的非叶绿色器官对冠层叶源的修饰和补充功能。在节水减肥条件下，特别是在生育后期，非叶绿色器官缓冲和延缓衰老的作用更加明显。通过合理密植、水肥融合、化学调控等控冠护根措施，使生育后期非叶绿色器官占总光合面积的比例由35%增加到38%，铃重的相对贡献率由30%提高到33%，是适应西北内陆棉区生态气候条件，优化冠层"光合源"分布，提高产量的重要途径。

八是明确了株行与膜管配置、化控与水肥运筹对群体结构的互作效应，制定了基于机械采收的棉花株型指标。明确了株行配置对棉花群体干物质积累、产量构成的时空分布、冠层叶面积指数和冠层开放度的效应，发现了一膜3管棉花在株型塑造、冠层结构、光分布和产量品质形成方面的优越性；明确了水肥运筹结合化学调控对植株封顶和脱叶催熟的效应。明确基于机械采收的株型指标是，长势稳健，植株上中下棉铃分布均匀且顶部棉铃比例稍高，脱叶催熟效果好；植株上部铃重和纤维品质指标一致性好；含絮力适中，采净率高、含杂率低。为机采棉品种选育，优化群体结构、提高资源利用率，提升机采棉品质提供了依据。

3.6 轻简化植棉的丰产稳产机制

发现棉花对密度、播种期、一穴多株、株行距、施肥量、整枝等农艺措施的适度变化有较好的适应性，且不同因素间对产量有显著的互作效应。"小株密植"途径适宜肥水条件差、无霜期较短的地区，通过发挥群体产量潜力实现丰产稳产；"稀植大株"路线适宜热量肥水条件较好的地区，通过发挥个体产量潜力实现丰产稳产。

轻简化栽培棉花，一方面通过协调产量构成因素维持棉花产量的相对稳定，在一定范围内随密度升高，铃重降低、铃数增加；另一方面，通过干物质积累和分配维持棉花产量的相对稳定，在一定范围内随密度升高，经济系数略降、干物质积累增加，最终保持了棉花经济产量的相对稳定（表3-5）。

表3-5 产量构成、生物量和经济系数对密度的响应（黄河流域36点次数据）

密度 (万株/hm²)	结铃量 (铃/m²)	单铃重 (g/铃)	衣分 (%)	产量(kg/hm²)		生物量 (kg/hm²)	经济 系数
				籽棉	皮棉		
1.5	82.6c	5.52a	43.1a	4 111b	1 771b	9 469c	0.43a
3.3	88.4b	5.37ab	43.0a	5 126a	2 204a	12 534b	0.41a
5.1	92.5ab	5.34ab	42.5a	5 249a	2 231a	14 139b	0.37b
6.9	94.1a	5.27b	42.7a	5 323a	2 273a	14 350b	0.37b
8.7	94.2a	5.26b	42.6a	5 381a	2 292a	16 883a	0.32c
10.5	94.8a	5.21b	42.4a	5 371a	2 277a	17 160a	0.31c

注：同列不同字母数值间差异显著（$P<0.05$）。

密度、氮肥和简化整枝对产量构成、生物量和经济系数的互作效应显著，合理密植下简化整枝、减施氮肥，可以获得与传统植棉技术（中等密度、精细整枝和全量施肥）相当的产量（表3-6）。通过合理密植、简化整枝和减施氮肥可以实现省工节肥而产量不减，这一技术途径现实可行。

表3-6　种植密度、整枝和施N量对棉花经济产量和产量构成的影响

处　理	籽棉产量 (kg/hm^2)	叶枝贡献率 (%)	铃数 (铃/m^2)	铃重 (g)	衣分 (%)	皮棉产量 (kg/hm^2)
密度（万株/hm^2）						
5.25	4 238b	14.8a	82.8b	5.14	40.9a	1 735b
8.25	4 434a	2.2b	85.4a	5.20	41.4a	1 837a
整枝（PM）						
精细整枝（IN）	4 376a	0b	84.3a	5.23	41.6a	1 821a
留叶枝（EX）	4 297b	17.0a	83.8a	5.10	40.7a	1 751b
施N量（kg/hm^2）						
195	4 288b	8.0a	83.4b	5.14	41.1a	1 764b
255	4 384a	8.9a	84.7a	5.19	41.2a	1 808a
密度×整枝×N						
5.25×IN×195	4 143b	0d	79.7c	5.20	41.6a	1 723c
5.25×IN×255	4 450a	0d	84.6ab	5.32	41.8a	1 860a
5.25×EX×195	4 152b	27.8b	83.4b	4.98	40.1c	1 665c
5.25×EX×255	4 208b	31.2a	83.3b	5.05	40.2c	1 692c
8.25×IN×195	4 421a	0d	85.0a	5.20	41.4ab	1 830ab
8.25×IN×255	4 488a	0d	86.1a	5.21	41.7a	1 871a
8.25×EX×195	4 437a	4.3c	85.6a	5.18	41.4ab	1 837ab
8.25×EX×255	4 391a	4.5c	84.8ab	5.19	41.2b	1 809b

注：同列不同字母数值间差异显著（$P<0.05$）。

3.7 小结

综上所述，本研究发现了单粒精播棉苗弯钩形成关键基因 *HLS1*、*COP1* 和下胚轴伸长关键基因 *HY5*、*ARF2* 的差异表达规律，为单粒精播实现一播全苗壮苗提供了理论依据；发现了密植引起激素代谢相关基因差异表达和激素区隔化分布的规律，阐明了密植控制叶枝生长的机理，为合理密植配合化学调控简化整枝提供了理论依据；揭示了轻简施肥棉花的N素营养规律，确证了控释肥释放与棉花养分吸收的同步性，为轻简施肥或一次施肥提供了理论依据；发现棉花产量构成因素、生物产量与经济系数对简化栽培措施的适应协同性，解析了棉花轻简化栽培的丰产稳产机制，为简化管理措施、减少作业环节提供了理论依据；建立了各棉区以协调根冠、优化成铃、集中吐絮为目标的轻简化栽培棉花合理群体量化指标，为综合调控棉花群体，实现优化成铃、集中吐絮提供了理论依据。首次揭示部分根区灌溉诱导地上部合成茉莉酸，作为信号物质运至灌水侧根系，促进 H_2O_2 和 ABA 合成积累，提高根系吸水能力和水分利用率的机制，以及小行间滴灌促进水分呈倒钟型分布并诱导形成"倒钟型"低盐根区，向低盐根区施肥有利于提高肥料利用率的规律等，为盐碱地节水灌溉、水肥一体化和减轻盐害提供了充足的理论依据。

参考文献

白岩，毛树春，田立文，等. 2017. 新疆棉花高产简化栽培技术评述与展望. 中国农业科学，50(1):38-50.

董合忠, 牛曰华, 李维江, 等. 2008. 不同整枝方式对棉花库源关系的调节效应. 应用生态学报, 19(4): 819-824.

董合忠, 毛树春, 张旺锋, 等. 2014. 棉花优化成铃栽培理论及其新发展. 中国农业科学, 47 (3): 441-451.

董合忠, 杨国正, 田立文, 等. 2016. 棉花轻简化栽培. 北京: 科学出版社.

董合忠, 杨国正, 李亚兵, 等. 2017. 棉花轻简化栽培关键技术及其生理生态学机制. 作物学报, (5):631-639.

董合忠, 李维江, 唐薇, 等. 2007. 留叶枝对抗虫杂交棉库源关系的调节效应的影响. 中国农业科学, 40: 909-915.

董合忠. 2013. 棉花重要生物学特性及其在丰产简化栽培中的应用. 中国棉花, 40 (9): 1-4.

田立文, 娄春恒, 文如镜, 等. 1996. 不同密度水平棉花群体结构和光合产物积累动态比较. 新疆农业科学 (4): 160-162.

田立文, 娄春恒, 文如镜, 等. 1997. 新疆高产棉田光合特性. 西北农业学报, 6 (3):41-43.

Dai JL, Li WJ, Tang W, et al. 2015. Manipulation of dry matter accumulation and partitioning with plant density in relation to yield stability of cotton under intensive management. Field Crops Research, 180: 207-215.

Dai JL, Li WJ, Zhang DM, et al. 2017. Competitive yield and economic benefits of cotton achieved through a combination of extensive pruning and a reduced 3 nitrogen fertilizer rate at high plant density. Field Crops Res, 209:65-72.

Feng L, Dai JL, Tan LW, et al. 2017. Review of the technology for high-yielding and efficient cotton cultivation in the northwest inland cotton-growing region of China. Field Crops Res., 2017, 208.

Kong XQ, Luo Z, Dong HZ, et al. 2016. H_2O_2 and ABA signaling are responsible for the increased Na^+ efflux and water uptake in *Gossypium hirsutum* L. roots in the non-saline side under non-uniform root zone salinity. Journal of Experimental Botany, 67 (8): 2247-2261.

Yang GZ, Chu KY, Tang HY, et al. 2013. Fertilizer ^{15}N accumulation, recovery and distribution in cotton plant as affected by N rate and split. Journal of Integrative Agriculture, 12(6): 999-1007.

Yang GZ, Tang HY, Nie YC, et al. 2011. Responses of cotton growth, yield, and biomass to nitrogen split application ratio. European Journal of Agronomy, 35: 164-170.

Yang GZ, Tang HY, Tong J, et al. 2012. Effect of fertilization frequency on cotton yield and biomass accumulation. Field Crops Research, 125: 161-166.

Zhang DM, Luo Z, Liu SH, et al. 2016. Effects of deficit irrigation and plant density on the growth, yield and fiber quality of irrigated cotton. Field Crops Research , 197: 1-9.

4 轻简化植棉关键技术创新

实现棉花生产轻便简捷、节本增效，依赖于轻简化栽培关键技术。本项目建立了不同棉区棉花精准播种栽培技术，研制出配套播种机械，省种50%～80%，并省去间苗、定苗用工；确定了各棉区的最佳施肥量，研制出养分释放与棉花养分吸收相匹配的专用缓控释肥，建立了长江与黄河流域缓控释肥与速效肥相配合的棉花轻简高效施肥技术，施肥减至1～2次，利用率提高10%～15%。建立了内地棉区以"控冠护根"、西北内陆棉区以"调冠养根"为重点的棉花群体调控与优化成铃技术，为提高品质、集中收获提供了保障；建立了西北内陆棉区以膜下分区滴灌、后期水肥为重点的棉花节水减肥技术，节水20%、减肥15%。研制出系列棉花精量播种机械，筛选、培育出一批适宜轻简化栽培的棉花品种，其中培育的K638和K836适合轻简种植和机械采收，促进了良种良法配套，农机农艺融合。

4.1 精准播种栽培技术

棉花精准播种分为苗床精准播种和大田精准播种。苗床精准播种是指选用优质种子，在营养钵、育苗基质和穴盘等人工创造的良好苗床上人工或机械进行播种和育苗的技术，通常根据种子质量每穴（钵、盘）1粒或2粒；大田精准播种是指选用优质种子，精细整地，合理株行距配置，机械播种，出苗后不疏苗、不间苗、不定苗的大田棉花播种技术，要求达到适时

（适期播种）、定位（在土壤中的预定位置）和定量（一般1穴1粒）的目标（表4-1）。不仅如此，在黄河流域棉区，播种要求与种肥或基肥深施、喷洒脱叶剂相结合；在西北内陆棉区，要求滴灌带浅埋相结合并以此实现温墒盐调控；在黄河流域和长江流域小麦（油菜、大蒜）后直播的棉花，则要求充分考虑茬口衔接。棉花精准播种是棉花轻简化栽培的关键技术与核心技术，对实现棉花轻简化生产至关重要。不同棉区生态条件、生产条件不同，精准播种技术不尽一致。

4.1.1 西北内陆棉区精准播种栽培技术

在传统棉花精量播种技术的基础上，通过改进创新，建立以"宽膜覆盖边行内移、膜上单粒精确定位播种、膜下滴灌温墒盐调控"为核心的西北内陆棉区棉花精准播种保苗技术，实现一播全苗壮苗。技术要点如下：

播前准备。一是种子处理，经过脱绒、精选处理用于棉花精准播种的种子质量应达到健籽率≥90%，发芽率≥90%，破籽率≤3%。二是精细整地，棉田深耕，耕深25～30 cm，深耕垡片翻转良好，地表物覆盖彻底，达到"平、松、碎、齐、净、直"等要求。三是选择适宜的精准播种机械，要求能够一次性地完成厢面平整、铺设滴灌带、开沟、铺膜、压膜、膜边覆土、准确打孔、精确定位精量播种、盖土、种行镇压等一条龙作业任务。

适时播种。精准播种棉田一般在膜下5 cm地温稳定通过14℃时开始播种。南疆4月8～15日，北疆4月10～20日为最佳播种期。

机械调试。先按试播要求填装种子，再将播种机升起，模拟播种机作业速度并按机组前进方向旋转点播滚筒，检查并调整好排种情况，然后按技术要求装好种子、地膜及滴灌带，机组按正常作业速度进行试播，并检查播种、铺地膜及滴灌带、覆土等情况，实现播种机穴播器或排种器精确定量排种，既不能多出粒，也不能空白漏播，还要做到种子准确落在土壤预定位置，且分布均匀一致。达到播种技术要求后即可播种。

播量要求。精准播种棉田膜上打孔播种，每穴1粒，按照理论密度和种子发芽率计算用种量，一般南疆用种量27 kg/hm^{2}左右，北疆用种量30 kg/hm^2。

技术要求。使用方型鸭嘴入土深度2.5 ~ 3.0 cm，种子下种深度（播深）2.0 ~ 2.5 cm，尖型鸭嘴入土深度3.5 ~ 3.8 cm，沙土地较黏土地鸭嘴入土宜相对深些；穴播器鸭嘴入土深度较非精量播种约少0.5 cm。播种同时覆膜，选择0.01 mm及以上厚度地膜，铺膜要求平整、紧贴地面，每隔5 ~ 10 m用碎土压膜。

温墒调控。宽膜覆盖、边行内移、适时定量滴水，通过地膜和滴灌调节地温墒情和土壤盐分分布，创造种子发芽出苗的良好时空环境，促进种子萌发出苗。非盐碱地棉田一膜8行（图4-1A），将地膜两侧埋入土中，其埋入土中的地膜宽度为6 ~ 8 cm，地膜上两侧棉花种植行外侧可见地膜宽度为9 ~ 10 cm，行宽、窄行交错种植，窄行间距15 ~ 19 cm，宽行间距40 ~ 45 cm，隔行铺设滴灌带，滴灌带铺设在宽行间；盐碱地棉田一膜6行（图4-1B），宽、窄行交错种植，窄行间距10 ~ 15 cm，宽行间距61 ~ 66 cm，隔行铺设滴灌带（铺设在窄行间）（图4-2）。地力较好的非盐碱或轻度盐碱地，可在以上两种种植模式的基础上进一步改进，即2行并作1行，1膜3行或4行，等行种植，每行铺设滴灌带，更有利于出苗成苗和建立适合集中采收的高光效群体。北疆未造墒棉田，当膜下5 cm地温连续3 d达到14℃以上，且离终霜期天数≤7 d时，可及时滴出苗水；南疆播后30 h内滴水引墒，滴水量为225 ～ 300 m³/hm²。"干播湿出"棉田从苗期开始缩节胺化调，一般在棉花第二片真叶展平后5 ～ 7 d喷施缩节胺35 ～ 55 g/hm²。

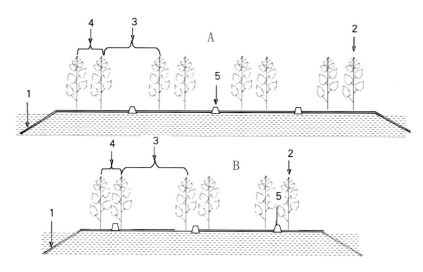

图4-1　新疆精量播种温墒盐调控保苗栽培技术示意图
（A.一膜8行，B.一膜6行。1为埋入土中的地膜；2为宽膜覆盖的棉花边行；3为大行行距；4为小行行距；5为滴灌带）

图4-2　新疆次生盐碱地棉花播种保苗技术示范田
（一膜6行，滴灌管在小行中间，膜上打孔单粒精播）

4.1.2 黄河流域棉区精准播种技术

建立了黄河流域一熟制棉花以"单粒精播、种肥同播，免除间定苗"为特点的精准播种栽培技术。基本方法是，采用精播机，将高质量的单粒棉花种子按照预定的距离和深度，准确地插入土内，同时种行下深施肥、表面喷除草剂，覆盖地膜，使种子获得均匀一致的发芽条件，促进每粒种子发芽，达到苗齐、苗全、苗壮的目的。技术要点如下：

播前准备。一是种子处理，种子经过脱绒、精选后，用抗苗病防蚜虫的种衣剂包衣，单粒穴播的种子质量应达到：健籽率≥90%，发芽率≥90%，破籽率≤3%；一穴播种1～2粒的种子质量应达到健籽率≥80%，发芽率≥80%，破籽率≤3%；二是精细整地并喷除草剂，棉田耕翻整平后，每公顷用48%氟乐灵乳油1 500 mL，兑水600～750 kg，均匀喷洒地表后耙地或耙耢混土；三是选择适宜的精量播种机械，要求能够一次性地精确定位精量播种、盖土、种行镇压、喷除草剂、肥料深施、铺膜、压膜、膜边覆土等一条龙作业任务（图4-3）。

图4-3 黄河流域棉区棉花精准播种

(A为小型精播机，一次2行；B为中型播种机，一次4行)

适时播种。精准播种棉田一般在膜下5 cm地温稳定通过15℃后开始播种。黄河流域西南部4月15 ~ 25日播种，中部和东北部4月20日至5月5日为最佳播种期。

播种要求。每穴1粒时用种量15 kg/hm^{2}左右，每穴1 ~ 2粒时用种量20 kg/hm^2，盐碱地可以增加到25 kg/hm^2。

技术要求。播深2.5 ~ 3.0 cm，下种均匀，深浅一致；种肥或基肥（复合肥或控释肥）施入播种行10 cm以下土层，与种子相隔5 cm以上的距离，然后盖土后，每公顷再用50%乙草胺乳油1 050 ~ 1 500 mL，兑水450 ~ 750 kg或60%丁草胺乳油1 500 ~ 1 800 mL，对水600 ~ 750 kg均匀喷洒播种床防除杂草，然后选择0.008 mm及以上厚度地膜，铺膜要求平整、紧贴地面，每隔2 ~ 3 m用碎土压膜。

及时放苗。覆膜棉田齐苗后立即放苗，盐碱地沟畦播种在齐苗后5 ~ 7 d打小孔，炼苗5 ~ 7 d选择无风天放苗。精准播种棉田不间苗、不定苗，保留所有成苗（图4-4）。雨后尽早中耕松土，深度6 ~ 10 cm。棉花苗期不浇水。

图4-4 黄河三角洲传统多粒穴播和单粒精播棉花苗情比较
（A为定苗后的传统多粒穴播棉田；B为减免间定苗的单粒精播棉田）

4.1.3 蒜后或油后棉花精准播种栽培技术

在黄河和长江流域两熟制棉田，逐渐改棉蒜（小麦、油菜）套种为蒜（小麦、油菜）后早熟棉机械精量播种，可以大大减少用工（图4-5）。技术要点如下：

图4-5　鲁西南蒜后直播早熟棉(A)和蒜套杂交棉(B)的生育期差异

选用多功能联合作业播种机械。长江流域棉区两熟制棉田棉花需要免耕抢墒抢时播种，要选用苗带清整型棉花精量免耕施肥播种机。一是在油/麦收后秸秆覆盖的地块，一次作业即可完成苗带清整（清草、灭茬、浅旋）、侧深施肥、播种、覆土、镇压等工序，减少机具的进地次数，实现抢时抢墒播种，提高播种质量，提高工作效率，节省生产成本。二是播种机通过清草、灭茬、浅旋刀轴设计，将播种带中秸秆、杂草抛向两侧，灭茬同时破除地表干硬土层，实现苗带清整，解决秸秆、杂草影响棉花出苗等问题。三是精量播种、种肥同播。每穴播1～2

粒，穴距可调，行距在76 cm或者76 cm+10 cm，播深稳定在2～3 cm。实现精量穴播的同时，将棉花专用配方缓控释肥施入两播种行中间。

播种技术要求。采用苗带清整型棉花精量免耕施肥播种机，苗带清整、播种、施肥、覆土、镇压一次完成。留苗密度75万～105万株/hm^2，每公顷播脱绒包衣种子225～250 kg。播种深度2～3 cm，覆土厚1.5～2 cm。要求播深一致、播行端直、行距准确、下子均匀、不漏行漏穴，空穴率<3%。播种同时，种肥或基肥（复合肥或控释肥）施入播种行10 cm以下土层，与种子相隔5 cm以上的距离，盖土后，每公顷再用50%乙草胺乳油1 050～1 500 mL，兑水450～750 kg或60%丁草胺乳油1 500～1 800 mL，对水600～750 kg均匀喷洒播种床防除杂草（图4-6）。

图4-6　湖北省油后直播示范田

4.1.4 两苗互作穴盘育苗移栽技术

遵循传统营养钵育苗移栽的一般程序，创造性地用基质替代营养土、用穴盘代替制钵器，并配合使用植物生长调节剂，建立了穴盘轻简育苗技术，大大减轻了劳动强度，提高了工作效率。在此基础上，发明了两苗互作穴盘育苗技术（图4-6），在播种时将小麦种子和棉花种子同播在一个育苗盘孔穴内，出苗后麦苗根系和棉苗根系缠绕基质结成一微钵体，实现两苗互作，一方面根系与土团结合密切，钵体小，不散钵，移栽轻便，且适合机械化移栽，栽后无需马上浇水；另一方面作物根系自毒作用减弱，棉苗素质得到提高，棉苗离床可以存活7 d以上，便于种苗的储放和运输（图4-7）。技术要点如下：

图4-7　棉麦两苗互作穴盘育苗
（A为育苗盘；B为育苗盘装土后播种；C为苗床苗；
D为从苗床取出的达到移栽要求的棉苗，示小麦根系缠绕基质和棉花根系）

　　建苗池备基质。播种前15 d左右，在规划好的土地上做好苗床，苗池底部铺一层薄膜（厚度≥0.02 mm），以避免棉苗根系下扎入土，无法起苗。选取符合条件的适量沙性土壤作基质，湿度60%左右，过筛，滤去碎石等硬块。

适时精量播种。选择冷尾暖头的连续晴好天气，为防止烂种，最好干籽播种。用上述基质将育苗盘装盘，每穴装填要一致，之后用和育苗盘孔穴相对应的压孔板（大小和育苗盘一致、上部对应育苗空穴的压钉），在育苗盘的每个孔穴上压出一播种穴。之后将小麦种子（商品小麦即可）和棉花种子各1粒用机械或人工点进穴盘中，同时结合人工进行补种，保证每个育苗孔穴内都有一粒小麦种子和棉花种子，之后按1.5 cm覆盖厚度对每个育苗盘用基质进行覆盖，确保每个育苗盘覆盖厚度均匀一致。最后按每排4张育苗盘摆放于育苗池中，摆放时将育苗盘紧挨放平放齐（表4-1）。

播后棚内管理。一是棚内温度控制，顶土前基质最高温度保持在35℃以下，高于35℃必须通风降温；出苗后棚内气温不超过35℃，高于35℃必须通风降温，防止高温烧芽烧苗。二是苗床通风管理，在棉苗出苗80%的3 d后，遇晴好天气即可小通风。在夜间最低温度达到15℃以上时可进行揭膜炼苗。

起苗移栽。当茬口许可移栽时，用手抓住麦苗连同棉苗一同起出即可。茬口和天气许可时，能早栽一定要早栽，勿以叶片数定起苗时间。起苗后，按一定数量，用包装箱包装后，置于阴凉潮湿处即可，注意移栽一定要起多少栽多少，保证每行栽后4 h内浇水，以保证无土棉苗根系和土壤紧密结合。浇水一定要一次性浇透，湿度要能保持3 d以上，过少会影响棉苗的成活和早发。

表4-1　不同棉区精准播种与传统播种相关技术经济指标比较

棉区和熟制	播种方式	出苗率（%）	空株率（%）	用种量（kg/hm²）	用工（工日/hm²）	
					放苗	间苗、定苗
西北内陆一熟	常规播种	91.6	4.3	63.0	3.75	7.5
	单粒精准播种	90.7	7.5	28.0	0.0	0.0
	精播较常规	−0.9	2.2	−55.6%	−3.75	−7.5
黄河流域一熟	常规播种	80.1	1.9	40.8	3.55	7.0
	精准播种	81.2	5.4	20.5	3.55	0.0
	精播较常规	1.1	3.5	−49.8%	0.0	−7.0
长江、黄河两熟	营养钵育苗移栽	85.4	4.2	12.5	育苗移栽用工：52.5	
	早熟棉精播	80.2	5.2	22.5	机械播种用工：7.5	
	精播较育苗	−5.2	1.0	80.0%	−45.0	

注：表内数据为2014—2015年在三大棉区试验示范和生产实际调查数据（西北内陆56点次，黄河流域45点次，长江流域30点次数据平均值）。

4.2 简化整枝技术

棉花主茎上生有叶枝、赘芽等，传统精细整枝技术要求，自6月中旬现蕾后开始去叶枝、抹赘芽；之后根据棉田密度和品种特性，按照"时到不等枝，枝到不等时"的原则，及时打顶。但根据本项目研究，叶枝可以人工去掉或控制其生长，也可以保留利用，只要措施合理，棉花就不会减产；可以用机械打顶或化学封顶代替人工打顶。我们研究提出了简化整枝的三条途径，制定了化学封顶和机械打顶代替人工打顶的技术方案，减免了抹赘芽、打边心、去老叶等措施，实现了真正意义上的轻简化整枝。

4.2.1 稀植条件下叶枝利用技术

叶枝通过"先扩源、后增库"的作用形成部分经济产量，稀植条件下可以保留利用。要点是，通过精量播种或育苗移栽，留苗密度2.7万～3.75万株／公顷（中等地力取上限，高肥力地块取下限），保留叶枝，打主茎顶前5～7 d打叶枝顶，7月20日前适时打主茎顶，其他栽培管理同常规栽培。需要注意的是，杂交棉单株产量潜力大，更适合稀植栽培；地力水平越高、水肥条件越好越适合稀植栽培，但叶枝也需要打顶，不打顶有时会减产。稀植简化栽培适合套种，单作条件下要慎用。

4.2.2 中等密度下的粗整枝技术

　　粗整枝的技术要点是，在6月中旬大部分棉株出现1～2个果枝时，将第一果枝以下的营养枝和主茎叶一撸到底（"撸裤腿"），全部去掉，此法操作简便、快速，比精细整枝用工少、效率高。"撸裤腿"后一周内棉株长势会受到一定影响，但根据试验，"撸裤腿"不会降低产量（图4-8）。

图4-8　中等密度下免整枝和粗整枝的株型比较

（A为免整枝，主茎基部长有2个发达的营养枝；B为粗整枝，主茎上布满果枝）

4.2.3 高密度条件下免整枝技术

西北内陆棉区采用密植矮化栽培，黄河流域棉区采用"晚密简"栽培，皆是利用小个体、大群体控制叶枝生长发育，实现免整枝。其中，黄河流域棉区"晚密简"模式下的免整枝栽培是指把播种期由4月中下旬推迟到5月初，把种植密度提高到7.5万～9.0万株/hm²甚至更高，通过适当晚播控制烂铃和早衰，通过合理密植和化学调控，抑制叶枝生长发育，进而减免人工整枝。这一栽培模式由于减免了人工整枝，节省用工2个左右；通过协调库源关系，延缓了棉花早衰，一般可增产5%～10%，节本增产明显。

4.2.4 化学封顶和机械打顶

棉花具有无限生长的习性，顶端优势明显。打顶是控制株高和后期无效果枝生长的一项有效措施。通过摘除顶心，可改善群体光照条件，调节植株体内养分分配方向，控制顶端生长优势，使养分向果枝方向输送，增加中上部内围铃的铃重，增加霜前花量。我国几乎所有的植棉区都毫无例外地习惯性采取打顶措施，因为不打顶或者打顶过早过晚都可能引起减产。

目前，棉花打顶技术有人工打顶、化学封顶和机械打顶等3种。机械打顶和人工打顶的原理一样，按照"时到不等枝，枝到看长势"的原则，及时去掉主茎顶芽，破坏顶端生长优势（图4-9）；化学封顶是利用植物生长调节剂延缓或抑制棉花顶尖的生长，控制其无限生长习性，从而达到类似人工打顶调节营养生长与生殖生长的目的（图4-10）。

2015—2016年以棉花新品种K836为试验材料，分别于山东棉花研究中心试验站（山东临清市）和聊城市农业科学院对化学

图4-9　棉花机械打顶
（A和B为机械打顶现场；C为打顶后的棉田）

图4-10　人工打顶和化学封顶棉花株型比较

（A为人工打顶的株型；B为化学封顶的株型）

封顶和机械打顶技术进行了研究。采用裂-裂区设计，主区为不同密度，设4.5万株/hm² 和7.5万株/hm² 两个密度；裂区为整枝处理，共设去叶枝和留叶枝两个处理，再裂区为不同打顶处理，共设传统人工打顶、机械打顶、化学药剂封顶和不打顶4个处理（表4-2）。采用宽膜覆盖，一膜2行等行距种植，行距76 cm。各处理均采用粗整枝（现蕾后5 d一次性去掉第一果枝以下的所有叶枝和主茎叶），以后不再整枝。于7月15～20日采用中国农业大学提供的化学封顶剂开展化学封顶，以南京农业机械化研究所研制的打顶机开展机械封顶，同时进行人工打顶作为对照。

表4-2　化学封顶和机械打顶对棉花生长及其产量的影响

（2015—2016年，临清市）

种植密度 （万株/hm²）	打顶 方式	株高 (cm)	果枝数 (个)	籽棉产量 (kg/hm²)	铃数 (个/hm²)	单铃重 (g)
7.5	不打顶	155a	17a	3 395c	67 228c	5.05b

（续）

种植密度 （万株/hm²）	打顶 方式	株高 （cm）	果枝数 （个）	籽棉产量 （kg/hm²）	铃数 （个/hm²）	单铃重 （g）
7.5	化学 封顶	127c	15ab	3 960a	76 008ab	5.21a
	机械 打顶	122cd	14b	4 014b	77 890ab	5.15a
	人工 打顶	123cd	14b	4 125a	79 480a	5.19a
4.5	不打 顶	147b	18a	3 540b	72 541b	4.88c
	化学 封顶	126c	16ab	3 990a	79 167a	5.04b
	机械 打顶	120cd	15b	3 914b	76 850ab	5.09ab
	人工 打顶	121d	15b	4 035a	79 743a	5.06b

无论是高密度还是低密度，不打顶皆出现减产，且密度越高减产幅度越大，高密度下不打顶比人工打顶减产17.7%，低密度下减产12.3%。无论密度高低，化学封顶、机械打顶与人工打顶的籽棉产量基本相当，没有显著差异；化学封顶和人工打顶均降低了棉花株高及果枝数。考虑到化学封顶较人工打顶能够显著减少用工投入，提高植棉效益，值得提倡（表4-2）。

化学封顶技术要求。可以有多个方案选择，方案一：在前期缩节胺化控的基础上，以25%氟节胺悬浮剂150 ～ 300 g/hm²，在棉花正常打顶前5 d首次喷雾处理，直喷顶心，间隔20 d进行第二次施药，顶心和边心都施药，以顶心为主。方案二：配置化学封顶剂（20% ～ 30%的缩节胺水乳剂、20% ～ 30%的氟节胺乳剂、40% ～ 60%的水，现配现用），在前期用缩节胺进行化控的基础上，棉花盛花期前后（棉株达到预定果枝数3 ～ 5 d），叶面喷施（顶喷或平喷，不宜吊喷），每公顷用量600 ~ 1 200 mL，兑水225 ~ 450 kg；喷施化学封顶剂后5 ~ 10 d内再叶面喷施缩节胺，用量120 ~ 220 g/hm^2（新疆）或75 ~ 105 g/hm^2（内地）。方案三：在前期缩节胺化控2 ~ 3次的基础上，棉花正常打顶前5 d（达到预定果枝数前5d），用缩节胺120 ~ 220 g/hm^2（新疆）或75 ~ 105 g/hm^2（内地）叶面喷施，10 d后，用缩节胺120 ~ 220 g/hm^2（新疆）或105 ~ 120 g/hm^2（内地）再次叶面喷施。以上方案皆可有效控制棉花主茎和侧枝生长，降低株高，减少中上部果枝蕾花铃的脱落，提高坐铃率，加快铃的生长发育。氟节胺和缩节胺用量要视棉花长势、天气状况酌情增、减施药量。从大量生产实践来看，缩节胺比氟节胺更加安全可靠，化学封顶宜首选缩节胺。用无人机喷施缩节胺进行化学封顶较传统药械省工、节本、高效，封顶效果更佳，值得提倡。

机械打顶技术要求。机械打顶多采用"一刀切"，即使采用智能型打顶机切下的顶尖一般也要大于人工打顶，而且机械会对棉株造成一定的伤害，因此机械打顶要掌握好以下技术要点：一是机械打顶更适合密度高、长势旺且整齐一致的棉田，对于徒长棉田更为适应；二是比人工打顶时间要推迟5 d左右；三是打顶后适当配合缩节胺化控。

综上，要因地制宜选择打顶方式，低密度条件下可以继续采用人工打顶，高密度长势旺的棉田首选机械打顶，长势正常和较弱的棉田可采用化学封顶。化学封顶或机械打顶是轻简化栽培的重要内容。

4.3 轻简高效施肥技术

施肥是棉花高产优质栽培的重要一环，用最低的施肥量、最少的施肥次数获得理想的棉花产量是棉花施肥的目标。要实现这一目标，必须尽可能地提高肥料利用率，特别是氮肥的利用率。棉花生育期长、需肥量大，采用传统速效肥料一次性施入，会造成肥料利用率低；多次施肥虽然可以提高肥料利用率，但费工费时。研究发现，基于轻简化施肥和提高肥料利用率的需要，速效肥与缓（控）释肥配合施用是棉花生产与简化管理的新途径。对于滨海盐碱地，更应提倡施用缓（控）释肥，以提高肥料利用率，降低成本。

4.3.1 施肥量

根据2009—2011年连续开展的氮肥和缓控释肥施用联合试验，确定了3个主要产棉区的施肥量。

长江流域棉区常规施N量为230 ~ 290 kg/hm^2，籽棉产量3 600 ~ 4 500 kg/hm^2，施N量平均260 kg/hm^2，每公顷平均产籽棉4 050 kg。结合生产实践和节本增效的要求，施N量以240 ~ 270 kg/hm^{2}为好，N∶P$_2$O$_5$∶K$_2$O的比例为1∶0.6∶（0.6 ~ 0.8）为宜。需要注意的是，长江流域棉区多是两熟制和多熟制，具体施肥量还要根据间套作物的施肥量加以调整。

黄河流域棉区常规施N量为195 ~ 270 kg/hm^2，籽棉3 375 ~ 4 500 kg/hm^2，平均施N量240 kg/hm^2，籽棉产量3 700 kg/hm^2。结合生产实践和节本增效的要求，黄河流域棉区N肥用量以230 kg/hm^{2}左右为宜，其中每公顷籽棉产量目标3 000 ~ 3 750 kg时，施N量为195 ~ 225 kg；每公顷籽棉产量目标3 750 kg以上时，施N量为225 ~ 240 kg。前者N∶P$_2$O$_5$∶K$_2$O的比例为1∶（0.5 ~ 0.7）∶（0.5 ~ 0.7），后者N∶P$_2$O$_5$∶K$_2$O的比例为1∶（0.4 ~ 0.5）∶0.9。

西北内陆棉区常规施N量293 ~ 389 kg/hm^2，籽棉产量

$4\,964 \sim 5\,618$ kg/hm^2。平均经济最佳施N量350 kg/hm^2，籽棉产量5 262 kg/hm^2。结合生产实践和节本增效的要求，氮肥施用量为270 $\sim$ 330 kg/hm^2，N $:$ P$_2$O$_5$ $:$ K$_2$O比例为1 $:$ 0.6 $:$ （0 $\sim$ 0.8）。

4.3.2 速效肥的施用方法

长江流域和黄河流域棉区传统棉花施肥次数最多8 $\sim$ 10次，分别是基肥、种肥、提苗肥、蕾期肥各1次，花铃肥2次，以及后期叶面喷肥2 $\sim$ 4次。我们研究发现，现有棉花施肥量和施肥次数可以进一步减少，在长江流域常规3次施氮（底肥30%，初花肥40%，盛花肥30%）的基础上，尽管施氮水平相差很大（150 $\sim$ 600 kg/hm^2），但各处理棉株（整个生长期）吸收的总氮中近60%是在出苗后60 $\sim$ 80 d吸收的，而且棉株对其中底肥吸收比例最小，主要用于营养器官生长，对初花肥利用效率最高；因此氮肥后移（降低底肥比例、增加初花肥比例）有利于提高肥料利用效率，而且在晚播高密度条件下，降低氮肥用量至195 kg/hm^2，并且在见花期一次施用全部肥料不影响棉花产量，为简化施肥提供了理论基础；多种高效缓控释肥的研制和应用为一次施肥提供了保证，膜下滴灌条件下水肥一体化技术进一步提高了肥料利用效率。

本着减少施肥次数、提高肥料利用率的目的，长江流域和黄河流域棉区，一般采取3次施肥，分别是基肥、初花肥和打顶后的盖顶肥，其中全部磷肥、钾肥（有时还有微量元素）和40% $\sim$ 50%的氮肥作基肥施用；30% $\sim$ 40%的氮肥在初花期追施，剩余10% $\sim$ 20%氮肥在打顶后作为盖顶肥施用。近年来，随着机采棉的发展，对棉花早熟的要求提高，而盖顶肥对促早熟有时会起到相反的作用，因此可以把施肥次数减少到2

71

次，即基肥（全部磷钾肥和50%～60%的氮肥）1次，剩余40%～50%氮肥在开花后一次追施。

4.3.3 棉花专用控释肥配方及使用技术

控释肥省工节本增效的效果已经得到试验和实践的肯定（图4-11）。目前各地开展了大量控释肥效应试验，与使用等量速效化肥相比，既有增产或平产的报道，也有减产的报道。我们对棉花施用控释肥的研究表明，只要使用量和方法到位，使用控释肥能够达到与速效肥基本相等的产量结果，而且利用控释肥可以把施肥次数由传统的3～4次降为1次，既简化了施肥，又避免了肥害，总体上是合算的（表4-3），应予提倡。

图4-11　安徽省缓控释肥试验示范基地

一般情况下，采用氮磷钾复合肥（含N、P_2O_5、K_2O各15%～18%）50 kg和控释期90～120 d的树脂包膜尿素或硫包膜尿素15 kg作基肥，以播种前在播种行下深施10 cm为最好，以后不再施肥。需要指出的是，采用专门生产的控释复合肥一次施肥，在2010年与不施肥的处理产量相当，比速效肥减产，有些年份控释肥的养分释放与棉花吸收不匹配（同步）可能是出现这一现象的主要原因，值得重视。

表4-3　不同施肥处理对籽棉产量(kg/hm²) 的影响

（2008—2011年，惠民县）

施肥处理	2008	2009	2010	2011	平均
不施肥	3 467a	3 453b	3 347d	2 979b	3 312b
复合肥+速效N肥2次	3 562a	3 698a	3 782b	3 702a	3 686a
复合肥+速效N肥1次	3 551a	3 627a	3 761b	3 693a	3 658a
复合肥+控释N肥	3 483a	3 731a	3 941a	3 785a	3 735a
控释复合肥	3 447a	3 483b	3 635c	3 729a	3 573a

注：试验为定位试验。"复合肥+速效N肥2次"处理为氮磷钾复合肥（含N、P_2O_5、K_2O各18%）50 kg作基肥，尿素（含N 46%）初花追施10 kg、打顶后追施5 kg；"复合肥加速效N肥1次"处理为氮磷钾复合肥（含N、P_2O_5、K_2O各18%）50 kg作基肥，尿素（含N 46%）开花后5 d追施15 kg；"复合肥+控释N肥"为氮磷钾复合肥（含N、P_2O_5、K_2O各18%）50 kg和控释期120 d的树脂包膜尿素15 kg作基肥；"控释复合肥"作基肥一次施入。基肥施肥深度为10 cm，追肥深度5～8 cm。不同小写字表示差异显著（$P \leqslant 0.05$）。

　　根据种植制度和生态条件配置控释肥复混肥能取得更好的效果。为解决速效肥施肥次数多、控释肥释放受环境条件影响而与棉花营养需求不匹配的情况，在大量试验和实践的基础上，研发出4个棉花专用配方。

　　一是适合黄河流域和长江流域棉区两熟制棉花专用控释N肥配方：150 kg树脂包膜尿素（42% N，控释期120 d），150 kg硫包膜尿素（34% N，控释期90 d），300 kg单氯复合肥（17%

N、17％P_2O_5、17％K_2O），100 kg磷酸二铵（18％N、46％P_2O_5），5 kg硼砂，5 kg硫酸锌。N：P_2O_5：K_2O为183：96：201。

二是适合黄河流域和长江流域棉区两熟制棉花专用控释NK肥配方：200 kg树脂包膜尿素（42％N，控释期120 d），150 kg硫包膜尿素（34％N，控释期90 d），150 kg大颗粒尿素（46％N），200 kg磷酸二铵（18％N、46％P_2O_5），100 kg硫酸钾（50％K_2O），150 kg包膜氯化钾（57％K_2O），50 kg氯化钾（60％K_2O），5 kg硼砂，5 kg硫酸锌。N：P_2O_5：K_2O为240：92：157。

三是适合黄河流域和西北内陆棉区一熟制棉花专用控释N肥配方：115 kg树脂包膜尿素（42％N，控释期90 d），200 kg硫包膜尿素（34％N，控释期90 d），270 kg硫酸钾复合肥（16％N、16％P_2O_5、24％K_2O），180 kg磷酸二铵（18％N、46％P_2O_5），225 kg硫酸钾（50％K_2O），10 kg硫酸锌。N：P_2O_5：K_2O为187：99：178。其中，在新疆使用时，可根据土壤含钾情况适当降低硫酸钾的比例。

四是适合黄河流域一熟制棉花专用控释NK肥配方：140 kg树脂包膜尿素（42％N，控释期90 d），150 kg硫包膜尿素（34％N，控释期90 d），150 kg包膜氯化钾（57％K_2O），硫酸钾复合肥（16％N、6％P_2O_5、24％K_2O），280 kg磷酸二铵（18％N、46％P_2O_5），200 kg硫酸钾（50％K_2O），150 kg包膜氯化钾（57％K_2O），50 kg氯化钾（60％K_2O），4 kg硼砂，4 kg硫酸锌。N：P_2O_5：K_2O为174：134：194。

使用缓控释掺混肥需要注意如下事项：

（1）如果缓控释养分仅为N素时，缓控释N素应占总氮量的50％～70％，养分释放期60～120 d，总氮素用量可比常规用量减少10%～20%，磷钾肥维持常规用量。在涝洼地或早衰比较严重的地块，钾肥可选用包膜氯化钾和常规钾肥按1：1配合使用。

（2）为减少用工，提高作业效率和肥料利用率，提倡采用"种肥同播"。要选择具备施肥功能的精量播种机，并具有喷药、覆膜功能。大小行种植（大行行距90～100 cm、小行50～60 cm）时，在小行中间施肥；等行距76 cm种植时，在覆膜行间施肥。施肥行数与种行数按1：1配置，深度10 cm以下，肥料与相邻种子行的水平距离10 cm左右。

（3）套种条件下一般采用育苗移栽的方式栽培棉花，难以实行种肥同播，可于棉花苗期（2～5叶）用相应的中耕施肥机械施肥，施肥深度10～15 cm，与播种行的横向距离5～10 cm。

4.3.4 施肥配套措施

施肥量适度减少、肥料利用率提高以后，留在土壤中的肥料会相应减少，因此合理耕作对保障土壤肥力十分重要。实行棉花秸秆还田或棉花与豆科植物间作、轮作并结合秋冬深耕是改良培肥棉田地力的重要手段。棉花秸秆还田机粉碎还田，应在棉花采摘完后及时进行，作业时应注意控制车速，过快则秸秆得不到充分的粉碎，秸秆过长；过慢则影响效率。一般以秸秆长度小于5 cm为宜，最长不超过10 cm；留茬高度不大于5 cm，但也不宜过低，以免刀片打土增加刀片磨损和机组动力消耗。

4.3.5 西北内陆棉区水肥融合技术

西北内陆棉区已经广泛采用在膜下滴灌技术。在现有基础上，一方面将饱和滴灌改为隔行分区节水灌溉；另一方面，按照棉花生长发育和产量品质形成的需要，利用滴灌施肥装置，将按照棉花产量目标和土壤肥力状况设计的棉花专用水溶性肥料溶入灌溉水中，随滴灌水定时、定量定向供给棉花。该技术是节水和节肥技术的高度融合，实现了水肥一体化管理，是西北内陆棉区通过"调冠养根"塑造高光效群体最有效的手段之一，具有显著的节水、省肥和环保效果（图4-12）。

图4-12　水肥融合（一体化）技术示范田

根据多年的试验和示范，推荐新疆水肥融合技术的施肥量和使用技术如下：

氮肥（N）270 ～ 330 kg/hm^2，磷肥（P$_2$O$_5$）120 ～ 180 kg/hm^2，钾肥（K$_2$O）80 ～ 120 kg/hm^2。高产棉田适当加入水溶性好的硼肥15 ～ 30 kg/hm^2、硫酸锌20 ～ 30 kg/hm^2。通常20% ～ 30%氮肥、50%左右的磷钾肥基施，其余作为追肥在现蕾期、开花期、花铃期和棉铃膨大期追施，特别是要重施花铃肥，花铃肥应占追肥的40％～50％。而且在施肥多的花铃期，灌水量也宜相应增大，促进二者正向互作，提高水肥利用率。

水肥融合技术有以下几个优点：

一是节水。水肥融合技术是在隔行滴灌节水技术的基础上发展起来的一体化技术，通常比一般的滴灌技术节水20％以上，比传统地面灌溉节水30％～50％。

二是省肥。根据我们多年多点的试验研究，传统施肥N肥表观利用率为39％～46％，而水肥融合技术的N肥表观利用率为45％～62％。正是由于肥料利用率的提高，传统施肥在施肥量240 kg N（减施40％）时，减产16.8％，而水肥融合技术下施肥量减少40％（240 kg N）时，籽棉产量基本不减（表4-4）。

三是环保。水肥一体化技术使土壤容重降低，孔隙度增加，增强土壤为微生物的活性，减少养分淋失，绿色环保。

表4-4 不同施肥方式对棉花产量和N肥利用效率的影响

施肥方式	施N量 (kg/hm²)	生物产量 (kg/hm²)	籽棉产量 (kg/hm²)	经济系数	N素吸收 (kg/hm²)	N肥表观利用率 (％)	N肥农学利用率 (kg/kg)
传统施肥	375	15 150a	6 075b	0.401c	350	38.9	4.80
	300	14 355b	6 015b	0.419b	342b	46.0	5.80
	240	11 805c	5 055c	0.428a	302a	40.8	3.25
	0	9 675d	4 275d	0.442	204	—	—
滴灌施肥	375	15 255a	6 300a	0.413c	375	44.8	5.56
	300	15 000a	6 330a	0.422b	361a	51.5	7.05
	240	13 965b	6 240a	0.447a	355	61.7	8.44
	0	9 465c	4 215b	0.445	207	—	—

注：表内数据为新疆南疆和北疆4个试验点数据的平均值。375 kg/hm²为足量施肥。各处理磷钾肥使用量一致，皆为磷肥（P_2O_5）150 kg/hm²、钾肥（K_2O）90 kg/hm²。其中传统施肥中，50％氮钾肥、100％磷肥基施，30％氮肥和50％钾肥初花追施，余20％氮肥盛花期追施；在水肥融合技术中，20％氮肥和50％磷钾作基肥，余氮磷钾肥皆滴灌追肥。

4.4 节水灌溉技术

宽膜覆盖、窄行滴灌。新疆棉花膜下滴灌采用薄膜宽 1.25 m（窄膜）与 2 m（宽膜），在膜上点播，宽窄行种植。窄膜铺设方式一般为一膜一带或 1 膜 2 带，滴灌带铺设在窄行中间或宽行中间。宽膜铺设 2 条或 3 条滴灌带。当采用 2 条滴灌带时，滴灌带铺设在宽行中间，采用 3 条时，直接布设在窄行中间，是既节水省肥又控制次生盐碱地盐害的重要技术措施。

根据新疆棉花生长发育规律特点，新疆棉田膜下滴灌应该遵循量少、多次、保持土壤湿润的原则。头水以少量为原则，随即紧跟二水，以后要因地因时而异，每隔 5 ~ 10 d 灌溉 1 次。头水过早过多，易引起棉花徒长，造成高大空的棉花株型，但头水过晚且水量不足，又易造成蕾铃大量脱落。花铃期，灌水必须保障及时，充分灌溉，否则引起棉花早衰，棉桃脱落，造成减产。适时停水也极为关键，停水过早，易引起早衰，但停水过晚，易引起贪青晚熟，霜后花比例增加等。一般灌溉要求如下：

4.4.1 储水灌溉

新疆春天雨少，多风，蒸发量大，为保证棉花播种出苗及苗期需水要求，需要在冬季或早春进行储水灌溉。棉田冬灌可以在秋耕后开始，土壤封冻前结束，以夜冻昼消最为理想。冬灌定额为 1 200 ~ 1 500 m³/hm²。冬灌最好结合深耕进行，也可以不结合深耕，直接冬灌。如果冬季水源不足或来不及冬灌，可以采用春灌。春灌在播前 50 d 到 1 个月内进行，灌水定额也为 1 200 ~ 1 500 m³/hm²。在新疆储水灌溉不仅是为了保证苗期墒情，更主要的是为了盐分淋洗。

4.4.2 出苗灌溉

对于没有条件进行冬灌或春灌的棉田，在棉花播种后对播种层进行灌溉促进出苗，灌溉时间为播种后 1 ~ 2 d，灌水量为 225 ~ 300 m^3/hm^2。

4.4.3 苗期灌溉

苗期棉花以蹲苗为主，一般不灌水。蹲苗的目的是促使棉花根深苗壮，控制茎叶生长，提高抗旱能力，打好丰产基础。但对于土壤墒情较差、出苗困难的棉田，可以考虑进行 1 次灌溉，灌水量 150 ~ 225 m^3/hm^2。

4.4.4 头水与二水灌溉

在新疆头水灌溉十分重要，适时适量灌好头水对棉花实现高产较为关键。一般认为头水以少为原则，灌水时间在初花、盛蕾期，大约在 6 月下旬。如果棉田墒情较差，可以提前到 6 月中旬。如果土壤含水量高，棉花长势较旺，头水时间推迟到 7 月初，但最迟不超过 7 月 5 日，灌水量 225 m^3/hm^2。二水灌溉要紧跟头水，灌水时间为头水灌后 3 ~ 5 d，灌水量增加为 300 m^3/hm^2。

4.4.5 蕾期灌溉

蕾期灌溉的原则是稳长和增蕾。此时灌水频率不宜过高，7 ~ 10 d 灌水 1 次。灌水频率过高，水量过大，容易造成棉花旺长，不利于蕾铃形成。灌水量 300 ~ 375 m^3/hm^2，具体依土壤、气候、地下水位、当年雨水等情况决定。

4.4.6 花铃期灌溉

花铃期是棉花需水的高峰期，灌溉频率较高，一般灌水频率为 3 ～ 7 d，对机采棉以 5 d 较为合适，该时期灌水定额为 300 ～ 375 m^3/hm^2。

4.4.7 停水

停水对棉花后期生长、提高铃重和增加霜前花极为重要。停水一般在 8 月下旬和 9 月初，停水不宜过早，也不宜过晚。过早易引起早衰和棉铃脱落，停水过晚，易引起贪青晚熟，衣分降低，霜后花比例增加。

4.4.8 新疆棉田膜下滴灌推荐灌溉制度

灌溉制度是指作物播种前及生育期内的灌水次数、灌水定额、灌水周期及灌溉定额。灌水定额是单位灌溉面积上的一次灌水量；灌水周期指相邻两次灌水间隔时间；灌溉定额指各次灌水定额之和。不同区域和不同土壤质地条件下膜下滴灌灌溉制度存在较大差异。根据我们多年的研究和实践，新疆膜下滴灌灌溉制度可为：生育期灌溉定额（不包括冬灌用水），冬前已灌溉（150 ～ 225 mm）棉田，灌溉定额 380 ～ 440 mm，灌水 10 ～ 12 次，其中苗蕾期灌溉要少；冬前未灌溉的"干播湿出"棉田，灌溉定额 400 ～ 480 mm，灌水 9 ～ 12 次，其中出苗灌溉水量 45 ～ 60 mm。蕾期灌水周期 9 ～ 10 d，花铃期灌水周期 6 ～ 8 d，盛铃期以后灌水周期 9 ～ 11 d。

4.5 指标化群体调控技术

调控优化棉花群体结构是改善棉田生态环境、协调根冠关系和库源关系，提高光能利用率，优化成铃，进而提高棉花产量和生产品质，并实现集中收获的重要途径。不同棉区影响群体结构的主要因素不同，特别是西北内陆，还必须要考虑脱叶催熟、机械采收的要求，因此必须因地制宜。

4.5.1 西北内陆棉区以"调冠养根"为主线的群体调控技术

通过适宜品种、稳健基础群体、合理株行距搭配，滴灌调节温墒盐环境、结合化学调控和适时打顶（封顶）等措施调节棉株地上部生长、优化冠层结构、优化成铃、集中吐絮；通过棉田深耕和深松、水肥融合养根、护根，保障并延长根系活力，优化根冠关系。

一是选用适宜品种。除考虑早熟性、产量、品质和抗逆性外，还要根据株行距和密度，以及脱叶催熟、集中采收的要求，选择适宜株型和长势的棉花品种。

二是建立合理的基础群体。采用精加工种子，精细整地，适时、定位、定量播种，播深2.5 cm左右，确保一播全苗壮苗而形成稳健的基础群体。

三是科学搭配株行距并以密定高，肥地宜等行距种植，盐碱薄地宽窄行种植。在现有基础上适当降密、适增株高，南疆收获株数降为15.0万～18.0万株/hm²，单株果枝数10～12个，株高75～85 cm；北疆收获株数降为16.5万～21.0万株/hm²，单株果枝数8～10个，株高70～80 cm。在此范围内，株高要根据密度和行距搭配适当调整。

四是综合运筹膜、水、肥、药"调冠养根"。优化毛管数量和位置（如一膜3管、窄行布管），隔行滴灌、水肥融合，科学化控、适时封顶等措施，确保棉田水肥、光温高效供给与利用。以合理密植和灌溉调节群体结构、以优化肥水运筹调节成铃质量。

五是充分发挥非叶绿色器官的光合能力。在节水减肥栽培条件下，密植群体的茎秆、苞叶和铃壳等非叶绿色器官光合生产贡献率加大，通过选用茎秆粗壮、苞叶较大的棉花品种，合理密植、科学搭配株行距并适当节水减肥，是提高非叶绿色器官光合生产贡献率，充分发挥非叶绿色器官的光合能力的有效途径。

4.5.2 长江和黄河流域棉区以"控冠壮根"为主线的群体调控技术

早衰是内地棉区轻简化栽培棉花高产稳产的主要障碍；结铃分散和烂铃是提高品质和集中收获的主要障碍。为此，一方面要通过建立稳健的基础群体和合理的株行距搭配，以促为主、促控结合并适时打顶（封顶），调控棉株地上部生长，实现适时适度封行；另一方面棉田深耕或深松、控释肥深施、适时揭膜或破膜促成发达根系，延缓早衰，实现正常熟相。

一是棉田整理。秸秆还田，每2～3年深耕或深松一次，深度30 cm左右，确保根系深扎。

二是选用适宜品种。除考虑早熟性、产量、品质和抗逆性外，还要根据株行距和密度，选择适宜株型和长势稳健抗早衰的棉花品种，集中收获或机械采收的棉花还要考虑脱叶催熟的要求。

三是实行等行距中膜覆盖。改大小行（大行90～120 cm、小行50～60 cm）种植为76 cm等行距种植；改窄膜（80～90

cm）为中膜（120 ～ 130 cm）覆盖，膜厚度≥0.008 cm。

四是适增密度。长江流域杂交棉在现有基础上每公顷增加0.75万～3万株，无土育苗、裸苗移栽改为穴盘育苗、带土移栽；黄河流域常规棉在现有基础上增加1.5万～3万株到6万～9万株/hm²，株高普降10%～15%（10～20 cm），确保适时适度封行。

五是揭膜回收和控释肥深施结合，促进根系发育和养分供应。播种或移栽时棉花专用控释肥施入土层10 cm以下，确保中后期肥料供应。盛蕾期以前及时揭膜或破膜回收，并结合中耕促根下扎。

六是提倡垄作栽培。有条件的地方采用垄作并配合密植，可显著减少漏光损失和烂铃。

4.6 适宜轻简化栽培棉花品种的选育

4.6.1 适宜盐碱地瘠薄地轻简化种植的棉花新品种K638

K638以石远321为母本、鲁棉研18号为父本，杂交回交后定向选育而成，2010年通过山东省审定（鲁农审2010010号），获得植物新品种权（CNA20100831.9）（图4-13）。属中早熟品种，生育期126 d。出苗好，植株塔形，后期叶功能好，不早衰，叶片中等大小。铃卵圆形，吐絮较畅。区域试验结果：株高105 cm，第一果枝节位7.3个，果枝数13.5个，单株结铃18.8个，铃重6.3 g；霜前花衣分41.4%，籽指10.8 g，霜前花率94.9%，僵瓣花率6.8%。纤维长度30.9 mm，比强度28.5 cN/tex，马克隆值4.8，整齐度85.6%，纺纱均匀性指数146.8。耐枯萎病和黄萎病，高抗棉铃虫。

图4-13　适宜轻简化栽培棉花新品种K638

在山东省棉花中熟品种区域试验中，2006年籽棉、霜前籽棉、皮棉、霜前皮棉平均产量分别为3 876 kg/hm²、3 654 kg/hm²、1 572 kg/hm²和1 483.5 kg/hm²，分别比对照新棉99B减产2.6%、2.2%，增产6.3%和6.7%；2007年籽棉、霜前籽棉、皮棉、霜前皮棉平均产量分别为3 670 kg、3 508.5 kg、1 560 kg和1 494 kg，分别比对照鲁棉研21增产9.0%、7.8%、8.8%和7.4%；2009年生产试验籽棉、霜前籽棉、皮棉、霜前皮棉平均产量分别为3 871.5 kg、3 712.5 kg、1 644 kg和1 582.5 kg，分别比对照鲁棉研21增产13.7%、12.3%、16.1%和14.9%。

K638后期叶功能好、抗早衰，铃大、吐絮畅、易采摘，是山东省棉花良种补贴主导品种和山东省主推品种，适合盐碱地和沙薄地轻简种植。

4.6.2 适宜肥水地轻简化种植的棉花新品种K836

K836以K638为父本、中棉所12为母本，杂交回交定向选育而成，2012年通过山东省审定（鲁农审2012018号），获得植物新品种权（CNA 20121037.7）（图4-14）。属中早熟品种，生育期130 d。出苗好，前中期生长稳健。植株塔形，叶片中等大小。铃卵圆形、较大，吐絮畅，易早衰。区域试验结果：第一果枝节位7.4个，株高110 cm，果枝数14.1个，单株结铃18.2个，铃重6.5 g，霜前衣分41.6%，籽指10.6 g，霜前花率93.1%，僵瓣花率13.3%。纤维主体长度31.3 mm，比强度31.1 cN/tex，马克隆值4.6，整齐度86.2%，纺纱均匀性指数158.0。抗枯萎病，耐黄萎病，抗棉铃虫。

图4-14　适宜轻简化栽培棉花新品种K836

K836出苗好，叶枝弱、赘芽少、易管理，早熟性好；吐絮畅而集中，含絮力适中，纤维品质优，适宜中等以上地力种植，是山东省主导棉花品种和当前轻简化栽培、机械化采收的首选品种（图4-15）。

图4-15　轻简化栽培K836示范田

4.6.3 适宜两熟或多熟制棉田轻简化种植的棉花新品种——鲁棉522

鲁棉522（图4-16）是以K836与8891（晋20选系）杂交，定向选育成的中早熟棉花品种，生育期121 d。2017年通过山东省审定（鲁审棉20170041）该品种出苗较快，中后期长势较强。植株塔型，茎秆粗壮多茸毛。叶片中等大小，叶功能较好。铃卵圆形、中等大小，吐絮畅。区域试验结果：第一果枝节位6.7个，株高107 cm，果枝数13.9个，单株结铃20.2个，铃重6.2 g，霜前衣分41.7%，籽指10.6 g，霜前花率93.3%，僵瓣花率4.3%。纤维主体长度29.1 mm，比强度29.4 cN/tex，整齐度84.6%，纺纱均匀性指数135.8。抗枯萎病，耐黄萎病，高抗棉铃虫。

在2014—2015年全省中熟棉花品种区域试验中，鲁棉522籽棉、霜前籽棉、皮棉、霜前皮棉平均单产分别比对照鲁棉研

图4-16　适宜轻简化栽培棉花新品种鲁棉522

28增产2.0%、2.9%、5.1%和6.0%；2016生产试验籽棉、霜前籽棉、皮棉、霜前皮棉分别比对照鲁棉研28增产6.2%、9.4%、8.2%和11.2%。适合在山东省适宜地区作为春棉品种种植（图4-16、图4-17）。

图4-17　机采棉鲁棉522收获大田

4.6.4 适宜机械化采收的棉花品种——新陆中42

　　为实现轻简化栽培，新疆农业科学院经济作物研究所开展适宜新疆产棉区的机采棉品种选育研究，育成早熟优质机采棉花品种新陆中42，2009年3月18日通过新疆品种委员会审定（新审棉2009年54号）。该品种于1994年配置组合新陆早7×中2621，1995年用（新陆早7×中2621）F_1×中棉所35，其各性状稳定后，选高代品系537与新陆早16再杂交，经过南繁北育，抗病鉴定，品质测试，田间选育而成。新陆中42不仅产量稳、品质优，而且适宜机采。该品种株型紧凑、果枝类型Ⅰ-Ⅱ型、筒形、植株疏朗清秀，第一果枝高度＞18 cm，铃重6 g，衣分42%，早熟吐絮集中，生育期128 d，9月中旬吐絮率可达到30%～40%，与喷洒脱叶剂时间吻合，吐絮含絮力强、不掉絮、脱叶性好、叶量少、叶载铃率高，机采后采净率、采收率、采收品质均符合机采标准，采净率达95 %以上，脱叶率达到90%以上，含杂率在10%以下，总损失率不超过4%（图4-18），被农业部列为主导品种。

图4-18　机采棉品种新陆中42

4.7系列棉花精准播种机械研制

　　根据棉花轻简化播种的实际需要，滨州农业机械化研究所等单位先后研制出2BMC-48型棉花双行错位苗带精量穴播机（图4-19A、B）、2MBZ-3-6A型折叠式覆膜精量播种机（图4-19C、D）和具有种床整备功能的2BMJ-24A型棉花覆膜精量播种机（图4-19E、F）。

图4-19　系列棉花精准播种机械

参考文献

白岩, 毛树春, 田立文, 等. 2017. 新疆棉花高产简化栽培技术评述与展望. 中国农业科学, 50(1):38-50.

代建龙, 李振怀, 罗振, 等. 2014. 精量播种减免间定苗对棉花产量和产量构成因素的影响. 作物学报, 40(11): 2040-2945.

董合忠, 杨国正, 李亚兵, 等. 2017. 棉花轻简化栽培关键技术及生理生态学机制. 作物学报, 43(5): 631-639.

董合忠. 2016. 棉蒜两熟制棉花轻简化生产的途径——短季棉蒜后直播. 中国棉花, 43(1):8-9.

董建军, 李霞, 代建龙, 等. 2016. 适于机械收获的棉花晚密简栽培技术. 中国棉花, 43(7):35-37.

卢合全, 李振怀, 李维江, 等. 2014. 抗虫棉品种K638的特征特性和高产栽培技术. 中国棉花, 41(2): 33-34.

卢合全, 李振怀, 李维江, 等. 2015. 适宜轻简栽培的棉花品种K836的选育及高产简化栽培技术. 中国棉花, 42(6) : 33-37.

卢合全, 徐士振, 刘子乾, 等. 2016. 蒜套抗虫棉K836轻简化栽培技术. 中国棉花, 43(2): 39-40, 42.

刘素华, 彭延, 彭小峰, 等. 2016. 调亏灌溉与合理密植对旱区棉花生长发育及产量与品质的影响. 棉花学报, 28(2): 184-188.

Dai JL, Dong HZ. 2014. Intensive cotton farming technologies in China: Achievements, challenges and countermeasures. Field Crops Research, 155:99-110.

Dai JL, Duan LS, Dong HZ. 2014. Improved nutrient uptake enhances cotton growth and salinity tolerance in saline media. Journal of Plant Nutrition, 3: 1269-1286.

Dai JL, Li WJ, Tang W, et al. 2015. Manipulation of dry matter accumulation and partitioning with plant density in relation to yield stability of cotton under intensive management. Field Crops Research, 180: 207-215.

Dai JL, Li WJ, Zhang DM, et al. 2017. Competitive yield and economic benefits of cotton achieved through a combination of extensive pruning and a reduced nitrogen rate at high plant density. Field Crops Research, 209:65-72.

Dai JL, Luo Z, Li WJ, et al. 2014. A simplified pruning method for profitable cotton production in the Yellow River valley of China. Field Crops Research, 164: 22-29.

Feng L, Dai JL, Tian LW, et al. 2017. Review of the technology for high-yielding and efficient cotton cultivation in the northwest inland cotton-growing region of China. Field Crops Research, 208: 18-26.

Kong XQ, Luo Z, Dong HZ, et al. 2016. H_2O_2 and ABA signaling are responsible for the increased Na^+ efflux and water uptake in *Gossypium hirsutum* L. roots in the non-saline side under non-uniform root zone salinity. Journal of Experimental Botany, 67 (8): 2247-2261.

Kong XQ, Luo Z, Zhang YJ, et al. 2017. Soaking in H_2O_2 regulates ABA biosynthesis and GA catabolism in germinating cotton seeds under salt stress. Acta Physiol Plant, 39 (2) 1-10.

Lu HQ, Dai JL, Li WJ, et al. 2017. Yield and economic benefits of late planted short-season cotton versus full-season cotton relayed with garlic. Field Crops Research, 200: 80-87.

Zhang DM, Luo Zhen, Liu SH, et al. 2016. Effects of deficit irrigation and plant density on the growth, yield and fiber quality of irrigated cotton. Field Crops Research, 197: 1-9.

5 不同棉区轻简化植棉技术体系的形成

在突破单项关键技术的基础上，根据各棉区生态、生产条件和实际需要，集成建立了区域针对性强、特色鲜明、先进适用的轻简化栽培技术，形成完整的棉花轻简化丰产栽培技术体系，主要包括以精准播种减免间定苗为核心的黄河流域一熟制棉花轻简化丰产栽培技术，平均用工减少32.5%，物化投入减少9%，增产5.8%，成为全国主推技术；以穴盘轻简育苗、轻简高效施肥为核心的内地两熟制棉花轻简化高效栽培技术，长江流域套作棉花平均用工减少30.1%，减肥15%，增产4.7%，成为全国主推技术；以群体调控优化成铃为核心的西北内陆棉花轻简化高产栽培技术，平均用工减少22.3%，节水15.5%，增产4.5%，成为新疆主推技术。开创出适合中国国情的轻简化植棉新路子，为我国棉花生产从传统劳动密集型、资本密集型向轻简节本型、资源节约型转变提供了坚实的技术保障。

5.1 黄河流域棉区棉花轻简化丰产栽培技术

建立以精准播种减免间定苗为核心的黄河流域一熟制棉花轻简化丰产栽培技术，被农业部定为全国主推技术。主要内容为机械单粒精播减免间苗定苗，等行距宽膜覆盖并适时揭膜回收控冠壮根，密植与化控融合实现简化整枝、优化冠层、适时适度封行，1～2次中耕与缓控释肥深施结合实现轻简化中耕施肥，优化成铃结合脱叶催熟实现正常成熟、集中吐絮（图5-1）。技术要点如下：

图5-1　黄河流域棉区以精播减免间定苗为核心的棉花轻简化栽培技术示范田
（A.单粒精播减免间定苗；B.蕾期粗整枝；C.初花期；D.吐絮成熟期）

5.1.1 选用适宜棉花品种和优质包衣种子

选用株型相对紧凑，叶枝弱、赘芽少、早熟性好、吐絮畅、易采摘、品质好的棉花品种，如鲁棉研28、K836、鲁棉研37、鲁6269、鲁棉522等春棉品种，鲁54、鲁棉532、中棉所64等早熟棉品种。种子经化学脱绒、精选和抗病防虫种衣剂包衣等精加工处理，纯度≥95%，一般要求健籽率≥80%、发芽率≥80%，单粒穴播时要求健籽率≥90%、发芽率≥90%。

5.1.2 机械精播免间苗定苗

精准播种免间苗定苗：一熟制棉田，4月下旬至5月初机械精准播种，种肥同播、肥药随施，播种、施肥、喷除草剂和覆膜一次完成。每公顷用种量15～19 kg，出苗后及时放苗，不疏苗、不间苗、不定苗；鲁西南两熟制套作棉田，采用穴盘基质育苗移栽，每公顷用种量6～7.5 kg，4月初播种育苗，5月上旬移栽；蒜后直播棉田，机械灭茬、抢时无膜条播，每公顷用种量22.5 kg左右。

5.1.3 化学除草、机械中耕

耕翻整平后，每公顷用48%氟乐灵乳油1 500 mL兑水600～700 kg，均匀喷洒地表后耢地或耙耢混土。播种后，每公顷再用33%二甲戊灵或仲丁灵1 200～1 500 mL兑水450～750 kg，在播种床均匀喷洒，然后盖膜。2～4真叶期机械行间中耕，6月下旬至7月上旬再中耕1次，同时揭膜（破膜）回收、施肥、培土，采用机械一次完成。

5.1.4 轻简施肥或一次施肥

采用速效肥，一基一追，每公顷基施N、P_2O_5和K_2O分别为105 kg、120 kg和210 kg，开花后追施纯N 90～120 kg。也可采用速效肥与控释氮肥结合，一次施肥，每公顷95 kg控释N+105 kg速效N，P_2O_5 90～120 kg，K_2O 150～210 kg，种肥同播，播种时施于膜内土壤耕层10 cm以下，与种子水平距离5～10 cm，以后不再追肥。

5.1.5 合理密植、化学整枝

单作春棉收获密度7.5万～9.0万株/hm²，自现蕾起化控3～5次，最终株高110 cm左右，其中，棉花正常打顶前5 d（7月10～15日）每公顷用缩节胺75 g左右叶面喷施、10 d后用缩节胺105 g左右再次叶面喷施进行化学封顶，或者用机械打顶代替人工打顶，不做其他整枝；单作早熟棉收获密度9.0万～10.5万株/hm²，自5～6片真叶期起化控4～5次，最终株高90 cm左右，其中，棉花正常打顶前5 d（7月15～20日）每公顷用缩节胺60 g左右叶面喷施，10 d后用缩节胺90 g左右再次叶面喷施进行化学封顶，或者用机械打顶代替人工打顶，不再做其他整枝。套种杂交棉收获密度3.0万～3.75万株/hm²，自盛蕾期化控2～3次，最终株高130 cm左右，留叶枝，去叶枝顶和主茎顶。

5.1.6 机械植保、集中收花

根据虫害发生情况和防治指标，及时采用机械防治虫害，提倡统防统治。田间吐絮率达到60%时，采用50%噻苯隆可湿性粉剂和40%乙烯利水剂混合，叶面喷施脱叶催熟，2周后人工集中摘拾，2～3周后再摘拾一次。有条件的地方可采用采棉机一次收花。

5.1.7 注意事项

一是要精细整地，一播全苗是轻简化栽培技术的核心和基础，要做好秸秆还田、冬前深耕、平整土地、压盐造墒等准备工作，其中棉田深耕或深松可2～3年进行一次；二是针对黄河三角洲地区减少烂铃、控制早衰和机械采收的需要，可进行"晚密简"栽培，即把播种期由4月中下旬推迟到5月初，把种植密度提高到7.5万～9.0万株/hm²，通过适当晚播控制烂铃和早衰，通过合理密植和化学调控，抑制叶枝生长发育并封顶，进而减免人工整枝，这一栽培模式由于减免了人工整枝，延缓了棉花早衰，节本增产明显；三是在鲁西南两熟制棉田，可以改蒜田套种杂交棉为蒜后直播早熟棉，收蒜后机械灭茬、抢时机械精播，也具有省工节本增效的作用。

5.2 西北内陆棉区棉花轻简化高产栽培技术

建立以群体调控优化成铃为核心的西北内陆棉区棉花轻简化优质高产栽培技术，成为新疆主推技术。主要内容包括，采用精准播种保苗技术实现全苗壮苗和稳健的基础群体；通过"优化行株距和膜管配置"技术调冠养根，塑造并优化成铃、集中吐絮的高光效群体；膜下分区灌溉、水肥融合，水肥药膜统筹，农艺农机结合，实现节水减肥、省工节本（图5-2）。技术要点如下：

图5-2　西北内陆棉区棉花轻简化高产栽培技术示范田
（A.播种出苗期；B.花铃期；C、D.吐絮成熟期示范田）

5.2.1 精细整地和造墒

一是深耕，秋季前茬作物秸秆还田并深耕，耕深25 cm以上；二是灌水，耕后应及时灌水，来不及秋翻的地块可带茬灌水蓄墒，灌水应在土壤封冻前结束；三是播前整地，秋耕冬灌地早春应及时耙耱保墒，春灌地适墒耕翻、耙耱，清拾残膜，整地质量达到"墒、平、松、碎、净、齐"的标准要求；四是播前化学除草，在整地过程中，每公顷喷洒48%的氟乐灵1 200 ~ 1 800 mL或33%施田补乳油2 250 ~ 2 700 mL兑水450 L，喷后立即混土或喷药与混土复式作业。

5.2.2 选择适宜品种和优质种子

按照熟性、纤维品质、丰产性、抗病性、抗逆性、易管性等原则选择对路棉花品种，机采棉还要考虑含絮力和对脱叶剂的敏感性等。要求种子纯度≥97%，净度≥95%，发芽率≥90%，健籽率≥90%，破籽率≤3%。

5.2.3 精准播种、种肥同播

膜上单粒精确播种，膜下滴灌温墒调控，促进一播全苗，建立稳健足量的基础群体。一是适时播种，在膜下5 cm地温稳定通过14℃时开始播种，南疆棉区4月5 ~ 15日为最佳，北疆4月10 ~ 20日为最佳，双膜覆盖棉田提前5d左右。二是单粒精播，每穴1粒，种子用量21.0 ~ 31.5 kg/hm^2，铺膜、铺滴灌带、压膜、打孔、播种、覆土一体化作业。三是播种深度2.5 cm，其中沙土地略深，黏土地、双膜覆盖棉田略浅。四是种肥同播，播种时在播种行土层10 cm以下施复合肥（N、P$_2$O$_5$和K$_2$O分别为15%、15%和5% ~ 10%）40 ~ 50 kg。五是采用"干播湿出"

技术棉田，根据天气和地温适时滴出苗水，北疆水量150 m³/hm² 左右、南疆225 ～ 300 m³/hm²。

5.2.4 行株距、膜管合理搭配

常规棉采用宽窄行66 cm+10 cm、64 cm+12 cm配置，一膜6行，平均行距38 cm，非盐碱地采用一膜2管、大行间布管，盐碱地采用一膜3管、小行间步管；杂交棉采用76 cm等行距，适当稀植，一膜3行，一膜3管（一行一管）。

5.2.5 水肥融合

通过滴灌系统，进行水肥一体化管理。南疆滴灌棉田，一般棉田生育期滴水8 ～ 12次，每公顷滴灌用水总量为3 750 ～ 4 500 m³，每次225 ～ 300 m³，晚滴头水棉田的头水用水量可增至375 ～ 450 m³，按照弱苗和沙性土地先灌、旺苗和黏性土壤后灌，以及根据土壤保水保肥情况、秋季气温和棉株长势确定停水时间的原则滴水灌溉。北疆滴灌棉田，头次滴水时间在6月上旬前后，滴水间隔时间7 ～ 12 d，每次灌水量为300 ～ 375 m³/hm²，滴水次数7 ～ 8次，一般控制在8月底至9月初停水。

南疆滴灌棉田随水滴肥8 ～ 9次，苗期滴施纯氮55.5 ～ 67.5 kg/hm²、花铃期滴施纯氮93.0 ～ 114.0 kg/hm²；或苗期滴施纯氮37.5 ～ 46.5 kg/hm²，或专用肥300.0 ～ 375.0 kg/hm²、P_2O_5 15.0 ～ 30.0 kg/hm²，花铃期滴施纯氮112.5 ～ 135.0 kg/hm²。北疆滴灌棉田随水滴肥6 ～ 7次，间隔期7 ～ 10 d，第一次滴施尿素15 ～ 30.0 kg/hm²+7.5 ～ 15.0 kg/hm²磷酸二氢钾，第二次滴施尿素30 ～ 37.5 kg/hm²+7.5 ～ 15.0 kg/hm²磷酸二氢钾，第三次滴施尿素37.5 ～ 45.0 kg/hm²+7.5 ～ 15.0 kg/hm²磷酸二氢钾。提倡使用棉花专用液体肥。

5.2.6 冠层调控优化

一是坚持原则。实行"水肥调控为主、化学调控为辅"的原则，根据棉花品种、棉株长势、生育期与水肥运筹情况确定化调时间、用量和次数。

二是科学化控。在合理利用滴灌灌溉量与灌溉时间较好调节棉花生长发育的基础上，南疆滴灌棉田一般生育期缩节胺化调2~3次。北疆棉田化调强度明显高于南疆，一般苗蕾期化调1~2次，每次缩节胺用量8~38 g/hm²；进入花铃期进行3~4次调控，其中打顶前1~2次，每次缩节胺用量37.5~60 g/hm²，打顶后两次缩节胺调控，第一次90~150 g/hm²、第二次120~180 g/hm²。采用化学封顶棉田按封顶要求进行。

三是药肥同步。开花后的每次化调均加入1.5~2.25 kg/hm²磷酸二氢钾和适量硼肥喷施，实现化调与叶面追肥同步的目的。

四是及时打顶或封顶。坚持"枝到不等时、时到不等枝"的原则，一般在果枝数达到7~9台时用缩节胺或专用植物生长调节剂进行化学封顶。也可采用打顶机械在7月5日前打顶，进一步优化冠层和成铃。

5.2.7 化学催熟与脱叶

棉花吐絮率达到40%左右时，用机械喷施50%噻苯隆可湿性粉剂600~900 g/hm²与40%乙烯利水剂2 250~3 000 mL/hm²，喷药液量为450~750 L/hm²。喷施脱叶剂要掌握"喷施早剂量小，喷施晚剂量大，喷施时温度高剂量小，温度低剂量大，叶量少剂量小，叶量大剂量大"的喷施原则，要上下喷匀、喷透，喷雾最好在清晨相对湿度较高时进行。对于密度较大、长势偏旺的棉田，应适当增加脱叶剂用量，必要时进行二次喷药，促进叶片脱落，防止叶片"干而不落"。

5.2.8 机械采收

9 月底至 10 月上旬，脱叶率达到90%、吐絮率达到95% 以上、纤维含水率在12% 以下时，使用适宜的棉花收获机进行采收。

5.3 西北内陆棉区杂交棉健株优质简化栽培技术

该技术的核心内容是，采用单株产量潜力大的杂交种，等行距种植，并大幅度降低密度至12.0 万～ 13.5 万株/hm²，实现相对稀植；再通过健个体、强群体，建立高产、适宜机械化采收的高光效群体结构，实现高产稳产、优质高效的目的。收获株数12万株/hm²左右，单株成铃10 ～ 12个，铃数120万～ 150万个/hm²，单铃重5 ～ 5.5g，霜前花率90% 以上，籽棉目标单产6 000 kg/hm² 以上。关键技术措施包括对路品种、超宽膜、机械式精量点播、机采模式、一膜3管、一管1行，适期播种、一播全苗、因苗化调、水肥前移、综合防治、早打顶、早脱叶、机械采收，实现棉花丰产丰收（图5-3、图5-4）。

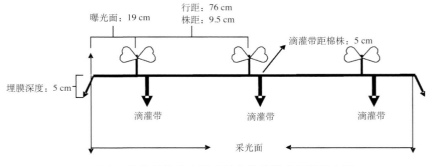

图5-3 棉花健株高产优质简化栽培技术行株距布局

图5-4　新疆棉花轻简化健株栽培技术示范田

5.3.1 选用优良品种

选择优质、丰产、抗逆、吐絮集中个体生长优势强的杂交棉品种，也可选用一些生长势强的常规棉花品种。机采时要求对脱叶剂较敏感，纤维品质指标好。种子净度≥99%，破碎率≤3%，发芽率≥90%，大小均匀。

5.3.2 精准播种

适期播种。膜下5 cm地温3 d内稳定通过14℃可播种，北疆4月8 ～ 18日为最佳适播期，南疆略早，实现100%四月苗。

严格播种技术。单粒穴播，地膜宽2.05 m，厚0.008 mm以上；一膜3行，一膜3带，行距配置平均行距76 cm，采用两幅宽膜播种机，播幅4.56 m，株距9.5 cm，交接行66 cm，理论密度13.8 万株/hm^2。按滴灌系统和斗渠统一播种，下籽深2 cm，空穴率＜3%，种行覆土厚度1 cm，膜面平展，膜边压深5 ～ 7 cm，采光面1.90 m，边行采光面宽度13 cm，播种铺膜到头到边，地头地边空地宽不超过30 cm（图5-3）。

5.3.3 科学灌溉

根据苗情和土壤墒情确定灌水次数和灌水量，北疆一般棉田生育期滴水10次左右，灌水量4 590 ～ 4 950 m^3/hm^2。具体为，蕾期滴水1 ～ 2次，灌水量915 m^3/hm^2，灌溉周期为10 d左右；花铃期灌水6 ～ 8次，灌水量2 850 ～ 3 600 m^3/hm^2，灌溉周期为7 ～ 9 d；吐絮期灌水1次，灌水量360 m^3/hm^2，灌溉周期为15 d。其中，沙土棉田灌溉周期宜短，黏土棉田灌溉周期宜长。

5.4 套种杂交棉轻简化高效栽培技术

以轻简育苗和简化施肥为核心的长江与黄河流域套种杂交棉轻简化高效栽培技术，被农业部确定为全国主推技术。主要技术措施包括两苗互作穴盘育苗代替传统营养钵育苗，速效肥与缓控释肥结合实现1 ～ 2次施肥代替速效肥多次施用，密度由1.5万 ～ 2.25万株/hm^{2}提高到3万株/hm^{2}左右，促进相对集中吐絮，改早拔秆为适当推迟（机械）秸秆粉碎还田，特别是蒜套棉条件下，将拔棉柴时间由9月下旬推迟到10月上旬，在产量不减甚至增加的前提下，大幅度减少了用工，提高了棉花的早熟性，平均增产6.7%，省工34.1%，节肥18%（图5-5）。

图5-5 长江和黄河流域棉区套种棉花轻简化高效栽培技术示范田
（A.穴盘育苗床；B.机械移栽；C.蒜套杂交棉苗期；
D.杂交棉初花期；E.杂交棉盛铃期；F.杂交棉吐絮期）

5.4.1 种植模式

主要有油后移栽、蒜（麦）田套种两种方式。油后移栽棉采取双育苗移栽，即油菜9月上旬育苗，10月中下旬在棉行套栽；棉花于翌年4月中下旬育苗，5月中下旬油菜收获后移栽。蒜（麦）田套种是大蒜或小麦收获前套栽棉花。小麦11月上旬播种或大蒜于10月下旬播种；棉花于翌年4月上旬育苗，4月下旬或5月上旬移栽。

5.4.2 轻简育苗移栽

棉花采用基质穴盘育苗移栽，尤以棉麦两苗互作穴盘育苗为好。一是选用小拱棚、大棚和日光温室等进行穴盘育苗，设施内温度控制在20～35℃；二是将基质装满穴盘并刮平，使各穴基质松紧一致，播种前浇足水，以基质湿透、穴盘底部渗水为宜；三是按育苗期20～30 d、移栽适宜苗龄2～3片真叶计算播种时间，适时播种；四是每穴播1粒棉种，种子尖头朝下或横放，用手指轻压，播种深度1.5～2.0 cm为宜，播后用基质覆盖，覆盖厚度为1.5～2.0 cm，然后抹平床面并轻压；五是苗床管理，棉苗子叶平展到1叶1心期间，可用促根剂灌根1次；从出苗到子叶平展，膜棚内温度应保持在25～35℃，出真叶后，温度应保持在20～30℃。六是移栽起苗前7～10 d苗床不再浇水，移栽前5～7 d日夜通风炼苗，如遇雨或天气寒冷仍需覆盖；七是棉田先灭茬、喷除草剂，后打洞或开沟移栽。

5.4.3 简化施肥

采用两熟制棉花专用控释N肥或控释N、K肥配方，前者N：P_2O_5：K_2O为183：96：201，后者240：96：201（详见4.3.3），作基肥或移栽肥一次性开沟埋施，露地移栽棉在移栽后10 d内施用，移栽地膜覆盖棉覆膜前施用。

5.4.4 简化管理

一是根据苗情和天气状况进行化学调控。一般初花期、盛花期和打顶后各喷施1次，缩节胺用量15 ～ 30、30 ～ 45和45 ～ 60 g/hm^2。

二是化学除草。前茬作物收获后，板茬免耕移栽或翻耕前，可用草甘膦＋乙草胺或精异丙甲草胺等对杂草茎叶和土壤喷雾；移栽后现蕾前可用草甘膦＋乙草胺或精异丙甲草胺等对杂草茎叶和土壤定向喷雾；棉花现蕾后、株高30 cm以上且棉株下部茎秆转红变硬后，用草甘膦等对杂草茎叶定向喷雾。

三是简化整枝。免去叶枝，达到预定果枝数时打顶，打主茎顶前5 d打叶枝顶。

5.5 内地棉区油（蒜、麦）后直播棉栽培技术

针对棉麦、棉油、棉蒜套作不利于机械化的难题，建立了蒜后直播早熟棉轻简化栽培技术，通过选用生育期短、株型紧凑、适合高密度种植的早熟棉品种，5月底前机械精准播种；合理密植，开花后及时打顶；化控、肥控结合，确保棉花适时"封行"，大幅度减少物化和用工投入，进一步提高经济效益（图5-6）。

5.5.1 种植模式

主要有棉花/油菜、棉花/大蒜和棉花/小麦等模式。其中棉花收获前10 d左右直播油菜，于油菜收获后机械免耕直播早熟

图5-6　蒜后早熟棉（A、C）和油后早熟棉（B、D）

棉；小麦 11 月上旬播种，翌年 5 月底至 6 月初收获，于小麦收获后机械免耕直播早熟棉；黄河流域大蒜于 10 月下旬或 11 月初直播，5 月 20 日前后灭茬后机械直播早熟棉。

5.5.2 抢时播种

一是选用熟期和综合性状适宜的棉花品种；二是根据需要机械免耕直播或灭茬后机械直播，争时并一播全苗是关键；三是精准播种，不间苗、不定苗。

5.5.3 合理密植、简化整枝

密度 9.0 万～10.5 万株/hm^2；合理化控，控制株高 80 cm 左右，适时适度封行；免整枝，果枝数达到预定数目时人工打顶，也可化学封顶或机械打顶。

5.5.4 简化施肥

施用棉花专用配方缓释肥种肥同播，一次施肥（详见4.3.3）。

参考文献

白岩, 毛树春, 田立文, 等. 2017. 新疆棉花高产简化栽培技术评述与展望. 中国农业科学, 50(1):38-50.

代建龙, 李振怀, 罗振, 等. 2014. 精量播种减免间定苗对棉花产量和产量构成因素的影响. 作物学报, 40(11): 2040-2945.

代建龙, 李维江, 辛承松, 等. 2013. 黄河流域棉区机采棉栽培技术. 中国棉花, 40（1）: 35-36.

董合忠, 毛树春, 张旺锋, 等. 2014. 棉花优化成铃栽培理论及其新发展. 中国农业科学, 47 (3): 441-451.

董合忠, 杨国正, 田立文, 等. 2016. 棉花轻简化栽培. 北京: 科学出版社.

董合忠, 杨国正, 李亚兵, 等. 2017. 棉花轻简化栽培关键技术及其生理生态学机制. 作物学报, 43(5): 631-639.

董合忠. 2013. 棉花轻简栽培的若干技术问题分析. 山东农业科学, 45(4): 115-117.

董合忠. 2013. 棉花重要生物学特性及其在丰产简化栽培中的应用. 中国棉花, 40 (9): 1-4.

董合忠. 2016. 短季棉蒜后直播是两熟制棉花轻简化生产的途径. 中国棉花, 43(1):8-9.

董建军, 李霞, 代建龙, 等. 2016. 适于机械收获的棉花晚密简栽培技术. 中国棉花,43(7): 35-37.

卢合全, 李振怀, 李维江, 等. 2015. 适宜轻简栽培棉花品种K836的选育及高产简化栽培技术. 中国棉花, 42 (6) : 33-37.

卢合全, 徐士振, 刘子乾, 等. 2016. 蒜套抗虫棉K836轻简化栽培技术. 中国棉花, 43(2): 39-40, 42.

张晓洁, 陈传强, 张桂芝, 等. 2015. 山东机械化植棉技术的建立与应用.中国棉花,42(11):9-12.

Dai JL, Kong XQ, Zhang DM, et al. 2017. Technologies and theoretical basis of light and simplified cotton cultivation in China. Field Crops Research, 214:142-148.

Dai JL, Li WJ, Zhang DM, et al. 2017. Competitive yield and economic benefits of cotton achieved through a combination of extensive pruning and a reduced nitrogen rate at high plant density. Field Crops Research, 209:65-72.

Feng L, Dai JL, Tian LW, et al. 2017. Review of the technology for high-yielding and efficient cotton cultivation in the northwest inland cotton-growing region of China. Field Crops Research, 208: 18-26.

Lu HQ, Dai JL, Li WJ, et al. 2017. Yield and economic benefits of late planted short-season cotton versus full-season cotton relayed with garlic. Field Crops Research, 200: 80-87.

Zhang DM, Luo Z, Liu SH, et al. 2016. Effects of deficit irrigation and plant density on the growth, yield and fiber quality of irrigated cotton. Field Crops Research, 197: 1-9.

6 推广应用和客观评价

政府推动，农业技术推广部门、新型农业经营主体、科教机构和相关企业紧密合作实施，通过技术培训、高产展示、示范辐射等形式，截至2016年在黄河流域、长江流域和西北内陆棉区累计推广467多万hm^2，增产皮棉49.3万t、棉籽67.6万t，通过节本增产，新增经济效益160多亿元，培育新型农业经营主体32个，培训农业技术人员和植棉农民10万多人次。研究成果引起国内外广泛关注，不仅作为全国或地方主推技术在主要产棉区推广应用，还被国际棉花咨询委员会（ICAC）向世界主要产棉国家进行了推介，产生重要国际影响。但是，棉花轻简化是相对的，是建立在现有经济、社会、生产力水平之上的，在不同时期有不同的内涵和标准；轻简化还是动态、发展的，其具体措施、物质装备、保障技术等在不断提升、完善和发展之中。随着我国经济、社会和生产力水平的发展，特别是土地流转和适度规模化植棉的发展，棉花轻简化丰产栽培技术也要因地制宜、与时俱进，在现有基础上进一步完善和提升。

6.1 技术推广措施

该项目采用政府推动，农技推广部门、新型农业经营主体、科教机构和相关企业紧密结合，通过开展不同层次的技术培训、高产展示、新闻媒体宣传、建立示范区和辐射区，科技人员驻点指导、服务等多种形式，对棉花轻简化丰产栽培技术体系进行了推广应用。

一是充分发挥各级政府的推动作用。我国农业技术推广进入了一个多元化的新时代，但政府组织推动至关重要、必不可少。自2010年开始推广棉花轻简化栽培技术以来，从中央到地方对轻简化植棉十分重视，把该技术作为转方式、调结构的关键技术：农业部将该技术确定为全国主推技术，山东省农业厅专门发文要求加快推广，许多县市也将推广该技术纳入农业生产的重点工作，组织召开了一系列现场会、观摩会和工作会议。各地政府的高度重视和采取的一系列支持措施为该技术推广普及保驾护航。

二是多机构团结协作共同实施。传统棉花生产技术推广主要通过农业技术推广机构，随着形势发展和现实需要，单纯依靠农业技术推广机构已不能满足棉花生产和市场需求。本项目在实施过程中，一方面继续依靠农业技术推广和科教机构，另一方面积极培植农民专业合作社、家庭农场等新兴农业经营主体，其中培育的东营市利津县春喜棉花专业合作社在适度规模植棉、轻简化植棉方面起到了重要的带头作用。同时，我们联合棉花种子企业、专用肥企业、农机企业甚至棉花加工企业，加入到新技术推广服务中来，在服务过程中提高了企业知名度。

三是积极开展多层次的技术培训。自2010年以来，共开展不同层次的技术培训500多场次。其中，项目组和项目依托单位主办或组织的棉花轻简化生产技术相关培训班102场次，配合全国农业技术推广服务中心、5个省份（山东省、河北省、湖北省、安徽省、新疆维吾尔自治区）农业技术推广部门开展的技术培训51场次，配合市县农业局开展的技术培训313场次，其他技术培训34场次。共培训相关技术人员和农民10万多人次，其中省市县乡农业技术推广人员和科技干部2万多人次，植棉农民和相关企业技术人员8万多人次（图6-1）。累计发放书籍、挂图、明白纸等技术资料30多万份。

图6-1 项目组在各省区举办的多层次技术培训

四是充分利用多种媒体广泛宣传。先后在《农业知识》《农村大众》《科技日报》《山东科技报》"科学网"等报纸、杂志和网络进行宣传；在山东电视台综合频道和农科频道介绍棉花轻简化栽培技术，多次在山东广播电台推介和宣传棉花轻简化栽培技术。

　　五是发挥示范展示和驻点指导的作用。项目实施期间，每年培植200多个棉花轻简化栽培展示田，派出50多人次到田间地头指导棉花轻简化生产，有20多名中青年科技人员长期在项目区驻点开展技术服务，确保了新技术的快速本地化和到位率（图6-2）。

图6-2　项目组开展不同形式的技术指导和服务

6.2 推广规模和经济效益

　　截至2016年12月，该技术在我国累计推广460多万hm²，累计增产皮棉49.3万t、棉籽67.6万t；平均节约成本364.5元/hm²，累计节约成本170 294万元；平均节约用工44.4个/hm²，累计节约用工20 744万个。每千克皮棉平均按14.14元、棉籽2.5元，每个工日平均按50.3元，8折计算，通过省工节本增产，共计新增经济效益160多亿元。

6.2.1 黄河流域棉区

在山东、河北为代表的黄河流域一熟制棉区推广以精准播种减免间定苗为核心的棉花轻简化丰产栽培技术，平均减少用工32.5%、物化投入9%，增产皮棉5.8%，2010—2016年累计在山东、河北推广229.5万hm²，平均占两省总棉田面积的29.5%，通过省工、节本、增产，新增经济效益919 419万元，其中近三年推广102万hm²，占总棉面积的38.8%（图6-3）。

图6-3　黄河流域棉区棉花轻简化机械化示范基地

6.2.2 长江流域棉区

　　在长江流域多熟制棉田推广以轻简育苗和简化施肥为核心的棉花轻简化高效栽培技术，平均省工30.1％，节肥15％，增产4.7％，2010—2016年累计在湖北、安徽推广74.9万hm²，平均占两省总棉田面积的16.2％，通过省工、节本、增产，新增经济效益273 763万元，其中近三年推广32.6万hm²，占总棉田面积的21.8％（图6-4）。

图6-4　长江流域棉区轻简化植棉技术示范基地

6.2.3 西北内陆棉区

在西北内陆棉区推广以群体调控优化成铃为核心的棉花轻简化高产栽培技术，平均省工22.3%，节水15.5%，增产皮棉4.5%，2010—2016年累计在新疆推广162.8万hm²，占该区总棉田面积的13.4%，通过省工、节本、增产，新增经济效益471 140万元，其中近三年推广96万hm²，占总棉田面积的17.0%（图6-5）。

图6-5　西北内陆棉区轻简化植棉技术示范基地

6.2.4 其他国家和地区

国际棉花咨询委员会（ICAC）积极向全球推介棉花轻简化丰产栽培技术。我们利用政府间合作项目也不断向世界产棉国家推介该技术。目前在苏丹已经有较大规模的推广（图6-6）。

图6-6　苏丹棉区轻简化植棉技术示范基地

6.3 社会效益

6.3.1 促进了我国棉花生产方式的加速转变

该项目建立了分别适宜于黄河流域、长江流域和西北内陆棉区的棉花轻简化丰产栽培技术，形成了完整的技术体系，有效解决了我国棉花种植用工多、投入大、效益低等限制棉花生产持续发展的瓶颈问题，促进了我国棉花生产从传统劳动密集型向轻简节本型的转变。

6.3.2 推动了我国棉花科技进步

该项目阐明了棉花轻简化栽培的相关理论机制，创建了棉花轻简化栽培的关键技术，集成创新了不同棉区的轻简化栽培技术体系，获授权专利23件，制定技术标准11项，软件著作权8件，出版《棉花轻简化栽培》等著作5部，发表论文207篇，丰富发展了中国特色棉花栽培理论与技术，促进了我国棉花科学技术的进步。

6.3.3 培育了多个新型农业经营主体，提升了农民植棉技术水平

本项目实施过程中培育了32个新型农业经营主体。累计举办各级各类培训班2 000多场次，直接培训农技人员和农民10万多人次。累计发放书籍、挂图、明白纸等技术资料30多万份，提高了项目区农民的植棉技术水平。

6.3.4 扩大了中国棉花栽培科学在国际棉花学术界的影响力

在国际主流学术杂志发表了一系列SCI论文，参与编写英

117

文专著《Cotton Research》，建立的栽培技术被国际棉花咨询委员会（ICAC）积极推介，应邀在一系列国际学术会议上作报告，项目第一完成人当选国际棉花研究会（ICRA）执委、国际主流农学杂志Field Crops Research编委等。这标志着我国棉花栽培科研成果越来越被国际同行认可和重视，扩大了中国棉花栽培科学的国际影响力。

6.4 国内外相关技术比较

印度和巴基斯坦等周边植棉大国尚未开展轻简化植棉的研究，仍以人工栽培为主，单产低、人工投入多；美国等发达植棉国家凭借资源优势，规模化、全程机械化植棉水平高，但少见对轻简化植棉研究，更少见对两熟制棉花轻简化栽培的研究。本项目建立的棉花轻简化丰产栽培技术体系，立足中国国情、符合现实需要，针对性、适用性与可操作性强，比国内传统植棉技术平均省工28.3%、减少物化投入8.2%、增产5.5%；比印度和巴基斯坦等植棉国家植棉技术单产高60%、人工投入少30%以上；尽管本技术单位面积的人工和物化投入高于美国现行栽培技术，但单位面积棉花产量、产出和综合效益显著高于美国等发达国家。国际棉花咨询委员会积极向全球推介该技术，也间接表明了该技术的综合优势，是发展中国家棉花生产持续发展的重要技术支撑。

6.5 客观评价

6.5.1 中国农学会组织的第三方评价认为整体达到国际先进水平

以中国工程院院士张洪程教授为组长、河北农业大学马峙

英教授和中国农业科学院棉花研究所毛树春研究员为副组长的
11人专家组对该项目评价认为："该成果围绕棉花播种、群体调
控、肥水管理等重要环节开展研究，阐明了轻简化植棉的栽培
学规律，创建了棉花轻简化栽培的关键技术，为棉花轻简化栽
培提供了理论支撑和技术保障，成果整体达到国际先进水平"。

6.5.2 三位院士给予高度评价

棉花专家喻树迅院士认为本项目成果"突破了轻简植棉的
关键技术并阐明了相关理论机制，创建符合中国国情的棉花轻
简化丰产栽培技术体系，为促进我国棉花产业转型升级、节本
增效发挥了重大作用"；作物栽培专家于振文院士认为本项目成
果"开创出适合中国国情的轻简化植棉新路子，为我国棉花生
产从传统劳动密集型向轻简节本型转变提供了坚实的理论与技
术支撑"；棉花生产机械化专家陈学庚院士认为本项目成果"是
我国棉花栽培技术领域的重大突破和创新，为最终实现棉花生
产全程机械化奠定了基础"。

6.5.3 中国农业科学院科技文献信息中心查证该成果具有11个
方面的新颖性

查证现有国内外文献显示本成果在以下方面未见他人相同
报道，具有新颖性：①棉花单粒精播壮苗机制；②抑制棉花叶
枝生长发育的机制；③轻简施肥棉花的N素营养规律；④以协
调根冠、优化成铃、集中吐絮为目标的棉花高光效群体量化指
标；⑤轻简化栽培棉花的丰产稳产机制；⑥分区灌溉提高棉花
水分利用率和减轻次生盐害的机制；⑦"定时、定位、定量、
边行内移、隔行滴灌"为核心的西北内陆单粒精播保苗技术；
"单粒穴播、肥药随施、免除间苗定苗"为核心的黄河流域一

熟制棉花精播栽培技术；棉花/小麦两苗互作轻简育苗育苗移栽技术；⑧各棉区最佳施肥量以及缓控释肥轻简高效施肥技术；⑨合理密植、部分根区滴灌、水肥同步为关键措施，并由灌溉咨询决策系统支持的西北内陆棉花水肥同步节水省肥技术；⑩以协调冠根、集中成铃为目标的指标化群体调控技术；⑪以抑制或利用叶枝为核心的轻简整枝技术。

6.5.4 成果被国际组织积极推介并在重要国际学术会议上报告

总结本研究成果形成的"中国特色棉花栽培技术"一文被国际棉花咨询委员会（ICAC）的官方杂志Cotton Recorder收录，并翻译成多种语言积极向全球产棉国家推介。

成果主要内容先后在第五届国际棉花研究大会（WCRC-5，2011，印度）、第32届国际棉花研讨会（2014，德国）和第六届国际棉花研究大会（WCRC-6，2016，巴西）上报告。其中，项目第一完成人董合忠主持了WCRC-6"精准农业和棉花生理"专题会议，所作的"中国特色棉花轻简化栽培技术"报告引起重要反响。

6.5.5 在主流学术刊物发表一系列较高引用的论文并应邀撰写评述文章

发表学术论文207篇。其中，涉及部分根区灌溉、简化整枝、轻简施肥、精准播种等核心理论和技术内容发表在《Journal of Experimental Botany》《Field Crops Research》等国际主流植物学或农学期刊和《中国农业科学》《作物学报》等国内核心期刊上。至2016年11月累计被引用2 389次，其中他引1 974次；被SCI引用605次，其中他引470次。

应主流农学期刊Field Crops Research主编J.M. Lenné教授的

邀请，为该刊撰写评述文章"从精耕细作到轻简栽培——中国棉花栽培技术的成就、挑战和对策""西北内陆棉花丰产简化栽培技术评述"，分别刊登在《Field Crops Research》2014年155期和2017年208期。

应《作物学报》邀请，撰写评述文章"棉花轻简化栽培关键技术及其生理生态学机制"，发表在《作物学报》2017年43卷第5期。

6.5.6 被农业部确定为全国主推技术并被山东省农业厅发文推广

成果主要技术内容"棉花高产简化栽培技术""棉花专用配方缓控释肥技术"两套技术被农业部确定为全国棉花主推技术。

山东省农业厅专门发文（鲁农棉字〔2017〕第6号）指出："山东棉花研究中心等单位在多年试验研究的基础上，形成了以机械精播、合理密植、集中成铃为核心的棉花轻简化丰产栽培技术。该技术具有轻便简捷、省工节本、提质增效的显著效果，对促进转变棉花生产方式，优化生产结构，稳定和发展现代棉花生产具有重要意义。请结合当地实际，加快示范应用推广"。

山东省农业专家顾问团认为本项目形成的"晚密简"栽培技术，是棉花轻简节本、提质增效的关键支撑技术，具有良好推广应用前景，并以"晚密简栽培技术模式为棉花生产节本增效提供技术支撑"为专题向山东省委、省政府和各市农业局进行了推介。

6.5.7 专家实地考察和测产结果显示本技术省工节本增产

中国农业科学院棉花研究所毛树春等专家于2016年10月随机抽查了黄河流域棉区棉花轻简化丰产栽培技术示范区15块棉田45点次，平均产皮棉1 681.5 kg/hm^2，平均用工219个/hm^2，比传统栽培增产9.8%，省工41.6%，物化投入平均减少330元/hm²。

安徽省农业技术推广总站汪新国等专家于2016年9月随机抽查了长江流域棉区棉花轻简化栽培技术示范区12块棉田36点次，平均产皮棉1 833 kg/hm²，比传统栽培增产15.9%，省工33.9%，化肥用量减少21.2%。

新疆农业科学院经济作物研究所邀请专家于2016年10月在新疆随机抽查了8个棉花轻简化高产栽培技术示范县24块棉田72点次，平均产皮棉2 248.5 kg/hm²，平均用工126个/hm²，比常规栽培增产4.5%，省工29.3%，物化投入平均节约1 000.5元/hm²。

6.5.8 项目组被评为农业部优秀创新团队

基于在轻简化植棉研究等方面的重要贡献，本项目主持人及领导的课题组被农业部表彰命名为"全国农业杰出人才及创新团队"，并获得2014—2015年中华农业科技奖优秀创新团队奖。

6.6 科技局限性

当前，我国户均植棉规模小，不能完全照搬发达国家实行的全程机械化、信息化和智能化植棉技术。本项目建立的棉花轻简化栽培技术立足中国国情、符合现实需要，作为全国主推技术已在主要产棉区大规模推广应用。但是本项目也有一定的局限性，建立的轻简化植棉技术尚有很大的发展空间。

6.6.1 因地制宜

本项目建立的棉花轻简化栽培技术体系是在项目区试验研究和示范推广的基础上建立的，虽然在技术集成创建过程中充分考虑了生态条件和现实生产需要，但并不是放之四海而皆准的技术，在推广应用过程中需要结合当地的生态条件和生产条件因地制宜，及时修改和完善。

6.6.2 与时俱进

棉花"轻简化"是相对的，是建立在现有经济和生产力水平之上的，在不同地区和不同时期有不同的内涵和标准；"轻简化"还是动态、发展的，其具体管理措施、物质装备、保障技术等都在不断提升、完善和发展之中。随着土地流转和规模化植棉的发展，以及物质装备的不断研发，棉花轻简化栽培技术要根据现实需要进一步完善和提升。

6.6.3 与植保结合

本项目没有对棉花植保技术开展深入研究，这一方面源于本项目在原初设计时就侧重于栽培而不是病虫害防治，另一方面近年来棉花病虫草害防治技术已得到长足发展，有成熟的技术和装备可以利用。棉花病虫害防治是田间管理的重要内容，是轻简化植棉不可逾越的环节，因此在实际应用过程中，必须与轻简化植保技术紧密结合。

6.7 未来前景

针对轻简植棉、提质增效的需要，本项目建立了符合国情、操作性强的轻简化栽培技术，并在生产中发挥了十分重要的作用。但是，还存在突破性关键技术和物质装备少，农艺技术与物质装备融合度差，轻简化植棉水平地区间不平衡等突出问题。针对这些问题，必须以适度规模化基础上的规范化植棉为保障，在深入研究揭示轻简化植棉生理生态学规律的基础上，进一步改革和优化种植制度，创新关键栽培技术，研制包括农业机械和专用肥在内的相应物质装备，实现农艺技术和物质装备的有机融合。

6.7.1 要优化种植制度和种植模式

在热量和灌溉条件较差的产棉区，继续推行一熟种植；热量和灌溉条件较好的产棉区要稳定麦棉两熟和油棉两熟制，稳步发展棉花与大蒜等高效作物的两熟制。种植模式要进一步调整，逐步推行油后、蒜后移栽棉和油（麦、蒜）后直播棉。要加强棉田种植制度和种植模式的研究与优化，结合气候变化，研究形成一个生态区、一个地区稳定的种植模式，实现种植模式的优化和简化。要以棉田两熟、多熟持续高产高效为目标，研究提出麦棉、油棉套种(栽)和接茬复种的新型种植制度，改进田间结构配置，优化棉田周年的配置组合，合理衔接茬口和季节，优化作物品种搭配，合理密植，机械化作业管理。

6.7.2 完善提升精准播种技术水平

棉花是大粒种子类型，适合精确定量播种。新疆生产建设兵团在棉花机械精准播种方面已经做得比较到位，不仅实现了机械化准确定量和定位播种，还实现了播种与膜下滴灌的有机结合。黄河流域和长江流域棉区要在学习、借鉴新疆精准播种技术的基础上，进一步研究优化适合本地生态和生产条件的精准播种技术，确保苗全苗壮、轻简高效。

6.7.3 研究完善机械打顶或化学封顶技术

目前条件下打顶尚不能完全减免，特别是西北内陆棉区和黄河流域棉区的机采棉，种植密度高，人工打顶费工费时。因此，继续优化提升机械打顶或化学封顶技术和配套物质装备显得十分必要，当是今后棉花轻简化栽培研究的重要内容之一。

6.7.4 继续研发新型肥料及其施用技术

研发新型肥料及其施用技术是进一步简化施肥和提高肥料利用率的重要途径。棉花生育期长、需肥量大，采用速效肥一次施入，会造成肥料流失，利用率降低；多次施肥费工费时。从简化施肥来看，速效肥与缓控释肥配合施用是长江和黄河流域棉区棉花生产与简化管理的新方向，而进一步发展和完善水肥一体化技术则是西北内陆棉区棉花轻简高效施肥的重要方向。因此，在长江和黄河流域棉区要加强成本低、效果好的缓控释肥的研制，特别是要研制在棉田复杂生态条件下营养释放与棉花营养需求相同步的缓控释肥，制定与之配套的科学施肥技术，确保1～2次施肥的效果；在西北内陆棉区要加强高效水溶性肥料的研制，并与节水灌溉、减轻盐害技术结合，协同提高水肥利用效率。

6.7.5 要因地制宜发展棉花生产机械化

西北内陆棉区棉花生产全程机械化的条件和技术比较完备，可在推进的过程中进一步优化提升，特别是要进一步促进良种良法配套、农机农艺融合来提升棉花生产品质。黄河流域棉区一熟区，棉田趋于集中，地表平整，气候特点适宜，农田基本设施适当建设后能满足大型农业机械作业的要求，因此具备棉花机械化收获的基本硬性条件。应选用适宜机械化收获的棉花品种，在保证棉花单产的前提下改进棉花种植模式、加强棉田管理，协调和扶持棉花加工企业升级改造机采棉生产线，在示范的基础上逐步推进。黄河流域棉区的两熟或多熟制棉田和长江流域棉区，由于种植规模小，且采用麦棉、油棉套种的栽培模式，实现机械化的难度很大。因此，应该首先改革种植模式，实现麦后、油后棉花机械化直播再逐步推进机械化采收。

6.7.6 继续推进农机农艺高度融合

目前我国除了新疆生产建设兵团外，各大棉区的棉花种植模式繁多，株距、行距配置不统一，套作、平作、垄作等种植模式复杂多样。各地农艺习惯不同，种植标准化程度普遍较低，加之机播与人工播种混杂，导致种植方式的多样化，机具难以与农艺需求相适应，给棉花机械化收获造成了较大的困难。考虑到现有国情和工业基础，现阶段要强调农艺适应农机，研究探索与机械收获相配套的栽培技术，然后推进农艺与农机的高度融合。

6.7.7 棉花轻简化栽培的现代化

传统的机械化作业虽然在某些方面替代了人工作业，提高了作业效率，但是尚没有与信息技术有机结合，因此发展精准农业势在必行。精准农业是农业信息技术和现代农业机械化技术的高度融合，具有省种、省工，提高土地利用率，提升水肥作用效果，降低劳动强度，减少生产投入，增加农业收益等优点。因此，利用精准农业理论与技术提升轻简化栽培技术，在我国棉花生产中发展适合我国国情的精准农业技术，是未来产业发展的一个重要方向。

总之，耕种制度、种植模式的优化，管理程序的简化和多程序合并作业，用机械代替人工，农机农艺融合，良种良法配套，建立和完善有中国特色的轻简化栽培技术，实现轻简节本、提质增效是必然的发展方向。要结合生产需求，研究形成一个生态区稳定的种植模式，实现种植模式的简化；重视生产管理程序的减省和简化、农艺操作方法的精确和简化；要依托先进实用农机具，实行多程序的联合作业与合并作业；要正确处理好简化与高产、简化与优质、简化与环境友好的关系，在高产、优质、环境友好的基础上实行简化，力争高产，改善品质，增加收益。

参考文献

白岩, 毛树春, 田立文, 等. 2017. 新疆棉花高产简化栽培技术评述与展望. 中国农业科学, 50(1):38-50.

董合忠. 2016. 棉蒜两熟制棉花轻简化生产的途径——短季棉蒜后直播. 中国棉花, 43(1):8-9.

董建军, 李霞, 代建龙, 等. 2016. 适于机械收获的棉花晚密简栽培技术. 中国棉花, 43(7):35-37.

董合忠, 杨国正, 李亚兵, 等. 2017. 棉花轻简化栽培关键技术及其生理生态学机制. 作物学报, 43(5): 631-639.

张晓洁, 陈传强, 张桂芝, 等. 2015. 山东机械化植棉技术的建立与应用. 中国棉花, 42(11):9-12.

7 附录 研究历程

棉花具有喜温好光、无限生长,自动调节和补偿能力强等生物学特性,是典型的精耕细作作物;加之过去我国农村劳动力多、人工成本低廉的国情,使得我国各地棉花栽培普具工序繁多、费工费时的特征。而且,营养钵育苗移栽和地膜覆盖栽培及棉田立体种植等技术的推广应用,使得棉花种植管理更加复杂繁琐。所以,简化棉花栽培管理过程,实行轻便简捷生产在中华人民共和国成立之初就得到关注。但在2000年以前,人多地少、农产品匮乏的国情决定了棉花生产必须走精耕细作的高产之路,轻简节本并未实行。直到进入21世纪以后才被真正重视并开展研究。和其他作物栽培技术的发展历程一样,棉花栽培技术也经历了由粗放到精细,再由精细到轻简的过程。山东棉花研究中心耕作栽培与生理生态团队是棉花轻简化栽培的主要践行者之一,在中国农业科学院棉花研究所喻树迅院士和毛树春研究员的指导和支持下,联合华中农业大学、新疆农业科学院经济作物研究所、安徽省农业科学院棉花研究所等单位,系统开展棉花轻简化栽培的理论和技术研究,促进了我国棉花耕作栽培技术由精耕细作到轻简节本的转变。

7.1 2000年以前

中华人民共和国成立之初我国就开始注重研发省工省时的栽培技术措施,如20世纪50年代就对是否去除棉花营养枝开展讨论研究，为最终明确营养枝的功能和简化整枝、利用叶枝打下了基础；20世纪80年代推广以缩节胺为代表的植物生长调节剂，促进了化控栽培技术在棉花生产中的推广普及，不仅提高了调控棉花个体和群体的能力与效率，也简化了栽培管理过程。

在此基础上，山东棉花研究中心针对鲁北和鲁东棉区热量条件较差的滨海盐碱地发展棉花生产的实际需要，研究提出了"早熟棉晚春播"简化栽培技术，并在1997年由山东科学技术出版社出版的《棉花抗逆栽培》一书中作了详细介绍。该技术是选用早熟棉品种，晚春播种，提高种植密度，以群体争产量，正常条件下可以达到每公顷1 125 kg以上的皮棉产量，主要在旱地和盐碱地以及水浇条件较差的地区推广，取得良好效果。

7.2 2000—2009年

2000—2005年，山东棉花研究中心在承担"十五"全国优质棉花基地科技服务项目——"山东省优质棉基地棉花全程化技术服务"过程中，根据当时推广杂交抗虫棉的需要，研究建立了杂交棉"精稀简"栽培技术，并以"抗虫杂交棉精播栽培技术研究"为题发表在《山东农业科学》。该技术要点是，选用高产早熟的抗虫杂交棉1代种，育苗移栽或地膜覆盖点播；适当降低杂交棉的种植密度，减少用种量；应用化学除草剂定向防除杂草，采用植物生长调节剂简化修棉或免去叶枝，减少用工，重点在鲁西南和附近两熟棉区推广。这之后，国内对省工省力棉花简化栽培技术更加注重，包括轻简育苗代替传统营养钵育苗，采用缓/控释肥深施代替多次施用速效肥等。但限于当时的条件和意识，对棉花轻简化栽培的概念和内涵认识并不清晰。

"十一五"期间中国农业科学院棉花研究所牵头实施了公

益性行业（农业）科研专项"棉花简化种植节本增效生产技术研究与应用"，组织国内主要科研力量研究棉花简化栽培技术。山东棉花研究中心会同中国农业科学院棉花研究所、新疆农业科学院经济作物研究所、安徽省农业科学院棉花研究所等单位联合开展了棉花栽培方式、种植密度、科学施肥、控制三丝污染等方面的研究，为棉花轻简化栽培理念的提出和轻简栽培技术的建立打下了坚实的基础（图7-1）。

图7-1 公益性行业专项"棉花简化种植节本增效生产技术研究与应用"总结会
（A为2009年11月27日，山东济南；B为2010年11月29日，河南安阳）

2007年国家棉花产业技术体系成立，棉花高产简化栽培技术被列为体系的重要研究内容。这之后，得到稳定经费支持的山东棉花研究中心联合主要产棉区的科教机构开展棉花高产简化栽培研究，对棉花轻简化栽培的概念和内涵有了较深刻的认识。

7.3 2010年

初步形成棉花高产简化栽培技术并开始推广。在公益性行业（农业）科研专项和国家棉花产业技术体系等项目的支持下，山东棉花研究中心、安徽省农业科学院棉花研究所和新疆农业科学院经济作物研究所分别制定了黄河流域、长江流域和西北内陆棉区的棉花高产简化栽培技术，并自2010年开始在适宜地区推广。

参加了一系列学术讨论会和相关工作会议。7月16～18日，山东棉花研究中心辛承松率领唐薇、张冬梅参加了在宁夏银川召开的2010年中国植物营养与肥料学术年会，并作了"盐碱地棉花轻简施肥的原理与技术"专题报告；华东地区农学会2010年学术年会于9月16日在东营市召开，董合忠参加大会并作了"盐碱地现代植棉技术"报告，引起良好的反响。11月16日董合忠参加在湖北武汉召开的农业部棉花专家指导组会议，并报告了棉花高产简化栽培技术研究和推广情况。2010年11月30日参加"中国种业知识产权联盟"成立大会，山东棉花研究中心作为联盟发起单位之一参加了现场签字仪式，正式加入该联盟。12月25日，董合忠参加了农业部组织召开的棉花战略研究研讨会，讨论修改了"中国棉花发展战略研究"一文。12月26日，董合忠参加了由中国农业科学院棉花研究所组织在安阳召开的

"全国棉花工厂化育苗和机械化移栽新技术经验交流会"。9月
27～28日，董合忠参加了在山东省滨州市召开的黄河三角洲高
效生态经济区建设院士专家高峰论坛，作了题为"发展滨海盐
碱地植棉的意义和支撑技术"的主旨发言，山东农业大学于振
文院士给予了高度评价。

　　开展了一系列调研和技术指导。7月26～27日，与龙熹、
翟雪玲等一起督查了河南尉氏县、扶沟县的棉花高产创建。8月
23～26日，检查棉花高产简化栽培技术在疏勒县、麦盖提县、
岳普湖县和英吉沙县，以及北疆的玛纳斯县的推广应用情况，
我们团队和当地政府与专家进行了交流，提出了相应的建议和
意见。10月1～2日，邀请中国农业科学院棉花研究所毛树春研
究员、山东省棉花生产技术指导站赵洪亮研究员对高产简化技
术体系示范田进行了测产。10月6～10日，对新疆高产简化栽
培技术示范田进行了测产验收，棉花产量达标（图7-2）。

图7-2　新疆高产简化栽培技术示范田测产验收

7.4　2011年

提出棉花轻简化栽培的概念并制定相应的技术。中国棉花学会于2011年9月22日在湖南农业大学召开了全国棉花高产高效精简栽培论坛。会议邀请湖南农业大学官春云院士、中国农业科学院棉花研究所喻树迅所长作了大会主旨报告；10位专家作了学术报告，其中董合忠在会议上做了"从农艺简化看节本增效潜力"专题报告。官春云院士提出了"作物轻简化生产"的概念，喻树迅院士提出了"快乐植棉"的理念，中国农业科学院棉花研究所毛树春研究员和湖南农业大学陈金湘教授提出了"轻简育苗"的概念，董合忠等提出了棉花轻简化栽培的概念和技术内容，并在《中国棉花》杂志上发表了"滨海盐碱地棉花轻简化栽培：现状、问题与对策"一文。从此，"轻简植

133

棉、快乐植棉"的理念深入人心。

　　围绕棉花高产简化栽培开展了一系列技术培训。1月19日，应江苏省农业厅的邀请，对当地农业技术人员培训了盐碱地轻简化植棉技术；2月12日，接受《农村大众》记者专访，介绍了棉花轻简化栽培技术；3月3日，董合忠应山东东营市农业电视广播学校的邀请，主讲了棉花轻简化栽培、盐碱地植棉和播种保苗技术，来自东营市6个县（区）的50多位农业技术推广人员参加了培训。4月13日，应天津市农业局邀请，董合忠参加了在静海县举办的"天津市棉花技术培训会"，并向与会人员系统讲授了"滨海盐碱地棉花高产简化栽培技术"，90余人参加了培训。4月16日，为济南市商河县农业技术人员和农民开展了轻简化植棉技术培训，90余人参加了培训。4月20日和23日，山东省种子管理总站在山东鲁壹棉业科技有限公司加工厂（济南）举行了棉花种子加工现场培训，董合忠向培训人员详细讲解了棉花种子加工工艺、流程和注意事项，并进行了现场示范和操作演示，来自国内各种子企业和经营单位的500多位种子从业技术人员参加了培训。应滨州市邹平县农业局的邀请，4月20日晚上董合忠对邹平县项目区农民进行了轻简化植棉培训。8月15～16日，全国农业技术推广服务中心在成都举办了全国棉花区域试验培训班，董合忠主讲了棉花轻简化栽培技术。

　　开展调研和技术指导。4月10～11日，我们陪同喻树迅院士参加了在潍坊召开的农机农艺融合高层论坛，对棉花农机农艺融合问题有了新认识。由中国农业科学院棉花研究所主持、我们团队参加的棉花行业计划项目于5月8日在河南郑州进行了验收，我们汇报了本单位承担工作完成情况，受到肯定。7月16～17日，应潍坊市农业局的邀请，赴昌邑市对轻简化植棉进行了指导并讲授了轻简高产栽培技术。根据农业部种植业管理司和全国农业技术推广中心的统一部署，7月20～21日先后赴河南省商丘市宛城区、祁县和扶沟县，对轻简育苗技术的示范情况进行了督查。8月21日，赴宁津县德农农业机械制造有限公司，就合作开发棉种精播机进行了讨论。9月18～19日，在山东省农业厅的邀请下，赴金乡县对棉花轻简育苗项目示范区进行了测产验收。10月11日，董合忠赴新疆参加了棉花机械收获现场会。9月26日至10月3日，以苏丹国家农业科学院副院长卡迈尔教授为团长的苏丹农业考察团一行6人到山东省农业科学院访问，我们棉花栽培团队向对方介绍了棉花轻简化栽培技术，为该技术在苏丹的推广奠定了基础。12月11日，应邀参加了中国农业大学举办的棉花全程机械化轻简栽培研讨会，共同讨论了棉花机械化生产问题。12月21日，在北京参加了农业部棉花专家指导组工作会议，重点讨论了棉花轻简育苗技术。

海外泰山学者到位，棉花栽培团队充实力量。在山东省委省政府的支持下，自2011年1月起Eneji博士被聘为我们棉花栽培团队的特聘专家，团队得到充实，为突破棉花轻简化栽培技术和理论研究打下了基础（图7-3）。Eneji博士是尼日利亚人，

图7-3　泰山学者特聘专家Eneji博士加入棉花耕作栽培与生理团队

长期从事作物耕作栽培、作物生理生态和植物营养等方面的科研与教学工作，对棉花作物也比较熟悉，在国际上有较高的知名度。

参加第五届国际棉花研究大会（WCRC-5）。为深入了解印度棉花生产和科研现状，促进学术交流，山东棉花研究中心派出董合忠、李维江和李振怀3位科技人员于2011年11月7～12日赴印度孟买参加了第五届国际棉花研究大会（图7-4）。山东棉花中心提交的有关盐碱地和轻简化植棉的3篇论文全部入选。董合忠和李维江分别做了学术报告，引起与会代表的关注并受到好评。

图7-4　参加第五届国际棉花研究大会（WCRC-5）

7.5　2012年

开展了一系列技术培训和推广服务工作。3月16日，应夏津县棉花生产办公室的邀请，借助该县两个棉花专业合作社成立之际，通过合作研究、技术培训等方式，支持合作社的工作。应广饶县农业局邀请，3月23～24日董合忠研究员先后参加了广饶县农业局举办的"广饶县送农业技术下乡活动培训班"和"广饶县棉花高产创建项目技术培训班"等3个培训班，向与会人员系统讲授了盐碱地棉花轻简化栽培技术，共200余人参加了培训。

参加轻简化机械化植棉研讨。应中国棉花学会的邀请，我们参加了1月4日在华中农业大学召开的轻简化植棉和机械化植棉研讨会，会上确定向国家提出"加强盐碱地机械化植棉研究与开发"的建议。4月26～27日，应邀参加了滨州市政府组织的棉花全程机械化研讨会，董合忠在会上就农艺如何保障机械化收获的途径和技术阐述了意见和见解，受到重视，这次会议开创了山东棉花机械化收获的先河。应中国农业机械化科学研究院韩增德主任的邀请，5月5～6日，赴北京就机采棉农艺技术研究与示范进行了讨论。5月29～30日，董合忠和李存东赴河北省南宫市、天津市武清区对两省市棉花轻简育苗示范情况进行了调研。10月5～6日，董合忠带领专家对在新疆创建的高产田进行了测产。10月17日，董合忠与李维江等参加了农业部农业机械化管理司在滨州召开的农机与农艺现场会，参观了3个现场，其中无棣现场的机采棉示范田是我们课题组建立的示范基地。11月26日，农业部棉花专家指导组会议在北京召开，董合忠在会上重点汇报了山东机采棉发展的情况和建议。

参加了一系列学术讨论会。8月8～9日，董合忠和代建龙参加了在山西运城召开的中国棉花学会年会，报告了盐碱地棉花轻简化栽培技术。8月26～27日，孔祥强、罗振参加了在新疆乌鲁木齐举办的中国植物学会细胞生物学2012学术年会，报告了部分根区灌溉提高水分利用率的机理。9月12日，中国农业科学院棉花研究所喻树迅院士应邀作了题为"我国棉花现代科技进展与展望"的学术报告，并与我们就棉花轻简化栽培进行了讨论。

7.6 2013年

　　开展了一系列技术培训。4月2日，山东省农业厅在济南组织召开了全省棉花技术培训班，来自全省产棉地市、县市区的200多位领导、技术人员参加了培训。会上，毛树春主讲了棉花生产形势，董合忠主讲了棉花轻简栽培技术。5月5日，新疆叶尔羌河试验站站长李克福来山东棉花研究中心访问，董合忠重点介绍了棉花轻简化栽培技术及在新疆的应用。7月14日，董合忠研究员来到山东省东营市史口镇举办棉花生产技术讲座，系统讲授了棉花栽培生理特性、精简管理技术，150多人参加了技术培训。11月4日，新疆生产建设兵团第七师农业科学研究所副所长李家胜一行对棉花中心进行了访问交流，双方就搭建共同的科研和产业平台，更好地促进双方在新疆开展新品种培育和产业化开发等方面进行了深入交流，并达成初步协议。

　　参加了一系列学术交流。3月11日，董合忠赴扬州大学为该校农学院的在校研究生作了题为"盐分差异分布促进棉花成苗的机理研究"学术报告，该院作物栽培与耕作专业的研究生50多人参加了报告会。6月9日，罗锡文院士来到山东棉花研究中心举办精准农业学术讲座，为我们栽培团队开展轻简化植棉研究提供了思路和借鉴。中国棉花学会2013年年会于8月8～9日在湖南省长沙市召开，董合忠作了题为"棉花重要生物学及栽培特性及在简化栽培中的应用"大会主题报告。山东省棉花学会第6次代表大会暨学术讨论会于8月23日在山东省临清市召开，董合忠在大会上作了题为"棉花重要生物学特性与丰产简化栽培"报告。

　　举办并参加了一系列轻简化、机械化植棉现场会。10月14

日，我们协助山东省农业机械管理局在东营区举办了机采棉现场会，现场展示了来自凯斯、迪尔、天鹅等公司的系列采棉机。11月8日，山东棉花研究中心联合夏津县供销社、夏津县农机局召开了棉花机械采收现场会。这些活动将内地轻简化机械化植棉推向了高潮。

7.7 2014年

举办"棉花轻简化生产技术论坛"。1月7日，山东棉花研究中心举办了"棉花轻简化生产技术论坛"。论坛的主要内容包括专家专题报告、分析全省棉花生产形势与发展对策、交流全省棉花轻简化生产思路，来自山东省科研、教学和生产一线的专家学者共50多人参加了论坛。与会专家一致认为，棉花生产轻简化、机械化是棉花生产发展的必由之路，但棉花生产的轻简化和全程机械化是一项系统工程，需要多学科间的密切合作、协同创新，促进品种、农机、农艺融合，扎实研究，稳步推进。

K638和K836继续作为山东省主导品种。3月12日，山东省棉花技术指导站邀请有关专家研究确定了2014年的山东省主导品种。山东省共推荐出41个品种，比去年减少了5个。我们团队选育的K638和K836继续作为主导品种在列。

开展了一系列技术培训。应鱼台县农业局的邀请，董合忠于1月25日赴鱼台对该县农业技术人员、产棉区农民带头户和村干部就蒜套杂交棉轻简化高效栽培技术进行了培训，200多人参加了培训会议。3月28日，山东省棉花生产工作会议在滨州市无棣县召开，董合忠向与会人员重点讲授了棉花轻简化高产栽培技术，这次培训为促进全省棉花轻简化栽培起到了重要的指导作用。4月1日，应天津市农业局的邀请，董合忠赴该市宁河县参加了"基层农技人员继续教育"培训会，在会上讲授了棉花轻简化高产栽培技术，160人参加了培训。4月24日应山东省广播电台的邀请，董合忠通过直播讲授了关于棉花精准播种保苗技术。

参加机采棉联合推进座谈会。为加快机采棉发展，在多家单位的倡导下，山东省农机局、省供销社、省棉花生产技术指导站、山东棉花研究中心和省农机院5家单位联合成立了机采棉联合推进办公室。山东棉花研究中心作为成员单位之一，主要负责机采棉品种选育、机采棉农机农艺融合研究等工作。4月3日下午，办公室召开了第一次全体会议，会上，董合忠介绍了山东棉花研究中心近年来围绕机采棉品种选育和农艺技术研究等方面开展的研究工作和取得的进展，特别指出了机采棉发展应注意的问题。

山东棉花研究中心北疆试验站揭牌。4月16日，山东棉花研究中心与新疆生产建设兵团第七师农业科学研究所联合成立的北疆试验站在新疆维吾尔自治区奎屯市举行揭牌仪式（图7-5）。山东棉花研究中心新疆生产建设兵团第七师农业科学研究所北疆试验站的成立，旨在为双方搭建一个"优势互补、资源共享、高效创新"的科研共享平台，通过紧密合作，开展以棉花为主的科研创新。该站的成立，为我们在新疆区域研究应用棉花轻简化栽培技术提供了良好的平台支撑。

图7-5　山东棉花研究中心北疆试验站举行揭牌仪式

赴新疆棉区考察棉花播种情况。4月13～17日，李维江带队赴北疆奎屯市第七师和南疆库尔勒地区考察了项目区棉花播种情况，为推进新疆棉花轻简化种植掌握了第一手资料。

7月13～15日，根据农业部种植业管理司和国家棉花产业技术体系的安排，赴安徽安庆市对安徽棉花生产、加工和流通等进行了考察调研，并结合这次调研，董合忠和郑曙峰实地考察了棉花轻简化栽培在当地的示范应用情况。

8月7～9日，中国棉花学会2014年年会在内蒙古呼和浩特市召开。本团队共向会议投稿6篇论文，李维江做了题为"棉花轻简化栽培的几项关键技术研究"大会主题报告。

9月3～5日，湖南省棉花科学研究所李育强研究员、李景龙研究员、陈浩东博士一行3人到山东棉花研究中心进行考察交流。期间，我们向来访专家详细介绍了山东棉花研究中心的基本情况和代表性成果，并就棉花轻简化栽培进行了讨论。

9月22日，在山东棉花研究中心试验站（临清）召开了"抗虫棉品种K836现场观摩会"（图7-6）。该品种受让企业负责

图7-6　适宜轻简化栽培的抗虫棉品种K836现场观摩会

人和技术人员，临清市棉花办公室、金乡县农业局领导等50余人参加了会议。K836是2012年通过山东省农作物品种审定委员会审定（鲁农审2012018号）的常规抗虫棉新品种，特点是出苗好、赘芽少、叶枝弱、易管理，铃大、吐絮畅、易采摘，早熟性好，适合轻简化栽培、机械化收获。

10月14日，山东棉花研究中心在东营市农业高新技术示范区召开了"机采棉关键农艺技术集成现场观摩会"，共90余人参加了会议。但见棉田按照机采的要求等行距规范种植，在进行了农艺催熟脱叶处理后，棉叶已经枯萎落尽，棉枝上只有吐絮的棉桃，远看一片洁白。采棉机一次作业后，采净率达到了95%以上，效果非常理想，给与会人员留下了深刻的印象。

10月13日，参加了在新疆库尔勒举行的农业部棉花专家指导组会议。董合忠在发言汇报中提出了3个建议：一是建议滨海盐碱地棉改粮要因地制宜，渤海粮仓的实施要讲条件，要兼顾生态和资源；二是内地宜棉区要大力推广应用棉花轻简化栽培技术；三是重新认识棉花的重要地位。

10月15～17日，山东棉花研究中心参与承办的黄河流域棉区机采棉生产现场会在滨州市召开。与会人员观摩了无棣县机采棉示范基地及棉花生产全程机械化各个环节的作业演示，并参观了机采棉清理加工现场。

11月3～4日，董合忠赴利津县为当地农业技术人员和棉农讲授了棉花轻简化栽培技术，山东省棉花生产技术指导站、东营市农业局和利津县农业局有关领导参加了培训。

10月21日，受山东省农业机械管理局的邀请，董合忠为新疆喀什地区农机人员讲授了棉花生育特性和新疆棉花轻简化简化栽培技术。新疆喀什地区农机和农技人员共计80多人参加了会议。

11月18日，董合忠为临清市农业技术人员和棉农教授了棉花轻简化栽培技术，孙学振讲授了棉花高产栽培技术，李维江讲授了棉花防早衰栽培技术等。

11月27日，赴寿光市参加了农民技术培训，董合忠讲授了棉花高产简化栽培技术，辛承松讲授了盐碱地棉花丰产栽培技术，200多人参加了培训。

11月25日和26日，山东省棉花生产技术指导站先后在沾化县和无棣县举办了棉花生产技术培训班，滨州市农业局、沾化县农业局、无棣县农业局有关领导和技术人员，植棉农民等共计200多人参加了培训。团队成员李维江和辛承松分别在培训班上讲授了棉花防早衰和盐碱地棉花丰产栽培技术。

11月19日，董合忠赴夏津县为当地农业技术人员和棉农讲授了棉花轻简化栽培技术，共200多人参加了培训。

7.8 2015年

1月30日，山东省农业科学院邀请山东农业大学张民、王金信教授，山东省植物保护总站任宝珍研究员等专家组成验收组，对"盐碱地棉花轻简高产栽培技术研究"课题进行了验收。

3月4日，董合忠参加了山东省农机局组织的机采棉推进小组全体会议，高明飞局长主持了会议。会上宣布，在大家的共同努力下，2014年山东省机采棉试验示范取得很大进展，全省种植机采棉8 000 hm²，实际机械采收1 120 hm²；现有采棉机8台，清花设备3套。

3月14日，山东棉花研究中心在济南组织召开了机采棉农艺栽培技术座谈会，来自夏津、临清、武城、垦利、利津、无棣、滨城区、昌邑、鱼台、金乡等11个县市农业局的负责人和技术人员，以及山东农兴种业有限公司、山东德胜种业有限公司、山东博兴县金种子有限公司、山东鲁壹棉业有限公司的负责人，山东棉花研究中心耕作栽培团队的科技人员，共50余人参加了会议。山东棉花研究中心董合忠详细讲解了黄河流域棉区适用于机械采摘的棉花品种和机采棉农艺栽培技术，对山东各产棉县机采棉的试验示范提出了意见和建议，并安排部署了2015年机采棉的示范工作任务。各产棉县市介绍了各县棉花生产情况和机采棉试验示范情况。与会人员座谈交流了发展机采棉的经验、体会和打算。

4月16日，在利津县春喜合作社召开了东营市机采棉播种现场会。东营市和利津县农机局、农业局、利津县棉花合作社、植棉大户等60多人参加了现场会。董合忠主任针对东营市机采棉生产要求讲解了包括品种选择、种植模式、栽培管理、脱叶催熟等技术环节要求；4台播种机械依据机采棉种植要求进行了实地操作，棉花合作社、植棉大户与农机农艺技术人员现场咨询交流。近几年在山东棉花研究中心支持下，东营市积极开展机采棉创新示范工作，取得了显著成绩。2014年实现机采棉播种1 333.3 hm^2，机械收获800 hm^2，比2013年分别增长100%和140%。采棉机保有量4台，占全省50%。东营已成为除新疆以外全国机采棉种植面积和机械采收面积最多的市，也是全国内地省份机采棉技术推广的先进市。

7月12～13日，在山东省农机局和滨州市农机局，无棣县、惠民县、利津县农业局、农机局等单位的支持下，山东棉花研究中心组织在无棣县对机采棉进行了现场观摩；在滨州市进行了技术交流和培训。

7月15～16日，董合忠、李维江、辛承松应邀赴山东农业大学授课，来自山东60多个产棉县的技术推广人员，包括县级棉技站、农技站站长和技术人员参加了培训。培训会上，董合忠讲授了棉花轻简栽培技术，李维江讲授了棉花防早衰技术，辛承松讲授了盐碱地植棉。

7月31日，山东棉花研究中心在滨州召开棉花轻简化生产现场观摩与技术交流会，河北农业大学马峙英等专家参加了会议。7月31日上午，与会人员先后赴无棣县和滨城区对山东棉花研究中心建立的棉花轻简化生产技术试验示范基地进行了实地考察，董合忠研究员对该技术的实施要点及示范情况进行了详细介绍；下午专家们与当地农业、农机部门领导和技术人员、专业合作社负责人和部分棉农进行了座谈。大家一致认为，开展轻简化植棉是内地棉花生产可持续发展的必由之路。山东棉花研究中心等单位研究建立的棉花轻简化生产技术，经过近几年的示范证明是完全可行的，建议一方面研究熟化，另一方面加快推广应用，为我省和我国棉花生产可持续发展做出贡献（图7-7）。

图7-7　棉花轻简化生产现场观摩与技术交流会

8月9～11日，董合忠和团队成员代建龙、李振怀参加了在新疆昌吉举行的中国棉花学会2015年年会。董合忠在年会上作了题为"黄河流域棉区基于精良播种的轻简化栽培技术"大会报告，并主持了第四主题的学术活动。

图7-8　董合忠在2015年中国棉花学会年会上作报告

　　8月11～12日，董合忠带领团队成员代建龙、李振怀、赵鸣借在新疆昌吉参加年会之际，赴第七师128团考察了棉花轻简化栽培技术示范应用情况，与该团领导和科技人员交流了轻简化植棉的经验。

　　8月18～19日，在无棣县滨州市各县农业局的邀请下，董合忠作了题为"棉花生物学特性和轻简化栽培"报告，来自滨州市各县各农业局和乡镇农技站技术员、植棉大户共120余人参加了培训。

　　9月19日，国家棉花产业技术体系部分岗位专家和山东省棉花产业技术体系创新团队部分专家，实地考察了山东棉花研究中心等单位建立的蒜后直播早熟棉轻简化高效生产技术示范田并召开了交流会（图7-9）。该示范田位于金乡县兴隆镇张庙村蒜套棉种植区，大蒜满幅种植，收蒜后的5月25日机械播种早熟棉品种（系），留苗9万株/hm²。据测产，示范田平均产大蒜31.5 t/hm², 产籽棉4 050 kg/hm², 与传统蒜棉套种生产方式相比，大蒜略有增产、棉花产量相当，但棉花管理用工减少一半以上，机械化程度也大幅度提高。一致认为，在鲁西南蒜棉两熟区实行蒜后直播是棉花轻简化生产的重要途径，具有较好的示范推广前景。

图7-9　早熟棉蒜后直播轻简化生产现场观摩会

9月21日，应夏津县农业局的邀请，董合忠赴夏津对农民进行了技术培训，讲授了棉花轻简化栽培技术，来自夏津县100多人参加了培训。

9月30日，2014—2015年度中华农业科技奖揭晓，山东棉花研究中心"棉花耕作栽培与生理生态创新团队"荣获中华农业科技奖优秀创新团队。棉花耕作栽培与生理生态创新团队经过近20年的发展，已成为人员稳定，年龄、学历和专业结构合理，持续创新能力强，在国内外棉花界有重要影响的科研创新团队，为我国棉花科技进步做出了重要贡献。

10月17日，山东棉花研究中心在东营市召开棉花农机农艺融合现场观摩会，50余人参加了会议。与会代表观摩了棉花生产全程机械化示范田和机械采收现场。该示范田建于东营市农高区，示范面积4 hm²，采用的棉花品种是鲁棉522，等行距76 cm标准化种植，密度7.65万株/hm²左右，株高1m左右。现场测产结果显示，平均成铃数91.5万/hm²，平均产籽棉4 500 kg/hm²。棉花采前脱叶良好，达到了机采要求。该示范田全面采用了山东棉花研究中心制定的棉花轻简化栽培技术规程，包括精量播种、合理密植、一次施肥、简化整枝、脱叶催熟等关键技术。该示范田比传统种植略有增产，实际用工6个，比传统种植减少用工18个，实现了轻便简捷、节本增效和快乐植棉的目标。随后采用东营市春喜合作社提供的美国Case III采棉机进行了现场机采，采净率在98%以上，机械采收非常成功，得到与会领导和专家的一致认可。

10月22日，应山东省农业科学院科研处邀请，为参加山东省县级专家素质提升培训班的学员教授了棉花轻简化栽培技术。这次培训班的学员主要是来自山东省农业大县的农业技术推广站站长，共计100多人。

10月26日，农业部种植业管理司和全国农业技术推广服务中心联合在长沙召开全国棉花形势分析会，来自全国产棉省的50多位负责棉花生产和技术推广的领导和技术人员参加会议。董合忠在会上作了"基于精量播种的棉花轻简化生产技术"报告，全面讲解了三大棉区棉花轻简化生产技术的现状和发展趋势。

11月4日，召开易回收地膜验收会。与济南塑料三厂合作开展研究，主要是在地膜的加工中添加了新型的茂金属聚乙烯材料，高强度的材料减少了在铺膜及作物生产管理的各个环节对薄膜的损坏，保持了形态的相对完整；将配方进行优化，配合光稳定剂、抗氧剂对抗地膜的光热老化，配合吸酸剂克服农药对地膜造成的老化。该地膜在使用7个月作物收获以后，能够保持足够的强度，满足残膜回收机从土壤中起膜所需要的强度，提高残膜回收率30%以上，有效减少地膜在土壤中的残留。11月4日在济南塑料三厂举行验收会，与会专家对该回收地膜给予了高度评价。

11月5日，东营市利津县农业机械管理局在春喜合作社棉花大田召开了机采棉现场观摩会。来自山东省农业机械管理局、滨州市农业机械管理局、利津县政府、县农业机械管理局的有关领导和技术人员，植棉农民和春喜合作社社员共计100余人参加了现场观摩会。董合忠在会上简要介绍了机采棉的基本情况。春喜合作社的机采棉大田全部采用山东棉花研究中心育成的棉花品种K836等，采用山东棉花研究中心制定的以精量播种、合理密植、一次施肥、简化整枝、脱叶催熟等为关键的轻简化栽培技术。根据示范情况，比传统种植略有增产，实际用工6个，比传统种植减少用工18个，实现了轻便简捷、节本增效和快乐植棉的目标。

11月13日，赴商河县开展技术培训，来自商河县农业部门的技术员和植棉农民代表共计100多人参加了培训会。董合忠在会上重点讲授了棉花的生物学特性和轻简化栽培技术。

11月14日，组织召开了山东省地方标准评定会，由山东棉花研究中心研究建立的"棉花轻简化栽培技术规程""机采棉农艺技术规程"2个标准通过评定（图7-10）。

11月20日，新疆生产建设兵团第八师农业局土壤肥料工作站朱勇军站长前来访问山东棉花研究中心，双方共同探讨了合作开展旱区棉花施肥技术，并达成一致意见。

图7-10　山东省地方标准审查会

12月6日，在济南市召开了棉花轻简化生产论坛，邀请华中农业大学杨国正、安徽省农业科学院棉花研究所郑曙峰、河南省农业科学院经济作物研究所杨铁刚、新疆农业科学院经济作物研究所田立文等专家，共同探讨了棉花轻简花栽培的现状和发展趋势（图7-11）。这次论坛解决了几个关键问题：一是进一步明确了棉花轻简化栽培的概念、内涵和技术途径；二是总结了近年来围绕棉花轻简化栽培联合开展的试验研究进展；三是根据3个主要产棉区的条件和需要进一步完善了棉花轻简化栽培丰产技术；四是制定了进一步研究深化和推广应用棉花轻简化栽培技术方案。

图7-11　全国棉花轻简化与提质增效项目实施座谈会

7.9 2016年

2月15日，根据农业部种植业管理司经济作物处的要求，董合忠参与了机采棉方案的修订。

3月9日，董合忠会同赵军胜、李汝忠、张军、张晓洁赴新疆农业科学院济经作物研究所考察学习。双方进行了交流讨论，参观了实验室，并就进一步合作开展棉花轻简化栽培技术研究达成了意向。

3月25日，山东省农业科学院与无棣县人民政府签署全面战略合作协议，其中山东棉花研究中心与无棣县西小王镇签署了棉花轻简化栽培技术示范开发合作协议。该协议的签署，进一步推动了棉花轻简化栽培技术在无棣县的推广应用。无棣县是山东省植棉大县，2015年全县植棉约2.67万hm^2，采取一年一熟制，机采棉示范工作在全省领先。

4月5日，董合忠接受《大众日报》记者赵洪杰的专访：从困境的产生、困境的根源、对策建议等方面谈了他对"棉花如何走出困境"的看法。

4月25日，山东棉花研究中心联合山东省农业机械推广站在高唐召开了机采棉农机农艺融合播种现场会。来自山东省农业机械管理局、山东棉花研究中心的技术人员，以及基层农业、农机技术人员和农民60多人参加了会议。现场会上，现场展示了各种精量播种机械，董合忠向与会人员讲授了机采棉农艺技术。

5月2～5日，董合忠带领团队成员代建龙、罗振参加了在巴西戈亚尼亚举行的第六届国际棉花研究大会（WCRC-6）。我们团队共在会上作了4个报告，其中董合忠作了题为"中国特色棉花轻简高产栽培技术体系""蒜后直播短季棉的产量与效益分析"两个报告，代建龙作了了"密度、施肥和整枝对棉花产量、品质和效益的互作效应研究"报告，罗振做了题为"棉花部分根区灌溉提高水分利用效率的生理学与分子生物学机理"报告；应大会邀请，董合忠主持了"棉花生理学与精准农业"专题会议。在这次大会上，董合忠再次当选国际棉花学会（ICRA）执行委员会（EC）委员（图7-12）。

图7-12　董合忠、代建龙和罗振参加第六届国家棉花研究大会（WCRC-6）

5月17日，《中国科学报》以"董合忠：轻简植棉 乐在其中"为题详细报道了董合忠团队棉花轻简化栽培技术研究方面取得的进展。

5月31日，中国棉麻流通经济研究会秘书处整理形成了"我国机采棉整体解决方案（第四稿）"，根据要求，董合忠对此进行了全面修改，提出了相应的意见建议。

6月20～26日，董合忠参加了农业部种植业管理司组织的"棉花轻简节本提质增效"考察。此次考察由种植业管理司经济作物处龙熹处长带队，成员有全国农业技术推广服务中心陈常兵副处长、中国农业科学院棉花研究所刘全义研究员、农业部南京农业机械化研究所石磊研究员、山东棉花研究中心董合忠研究员和新疆农业科学院经济作物研究所李雪源研究员。考察期间，采用实地考察和座谈交流的方式，先后考察了尉犁县及附近团场、沙雅县及附近团场、沙湾县及附近团场，掌握了大量第一手资料。

6月28日，山东省现代农业产业技术体系棉花创新团队工作会议在济南召开，山东省产业技术体系创新团队全体成员、驻山东的国家产业技术体系棉花团队岗位专家和试验站站长、山东省农业专家顾问团棉花分团全体成员和棉花中心科技人员代表共计60余人参加了会议，国家棉花产业技术体系首席科学家、中国工程院院士喻树迅，山东省农业科学院副院长刘兆辉，山东省农业厅科技处调研员王正和等专家和领导应邀出席了会议。会议分报告和讨论两个阶段，山东棉花研究中心董合忠主任和产业体系李维江首席分别主持了会议。

7月9日，邀请中国农业科学院赵明、中国农业大学陈阜等专家对院创新工程"主要农作物轻简高效生产技术研究"3个项目进行了论证，其中"农作物轻简高效生产技术"是由董合忠牵头实施的项目。

7月19～22日，2016年山东省基层棉技站长培训班在山东农业大学举行。7月21日上午董合忠应邀在培训班上为学员讲授了"棉花轻简化栽培"，受到学员们的一致好评。

8月7～9日，带领孔祥强等赴徐州参加了中国棉花学会2016年年会，并在会上作了"棉花抗逆轻简栽培的生理学机制"大会报告。在此期间，还于7日下午参加了国家棉花产业技术体系执行专家组会，会后参观了徐州农业科学院的实验基地。

近年来，山东棉花中心逐步加强了与新疆涉棉单位的交流与合作。8月以来，有3批新疆棉花科研单位和企业前来座谈考察。5～6日，新疆农业科学研究院经济作物研究所孔庆平所长一行5人和新疆金博种业中心于新国总经理一行4人前来座谈交流并考察了临清试验站；10～11日，新疆生产建设兵团第七师农业科学研究所李家胜研究员一行5人前往临清试验站进行了考察；12～13日，新疆生产建设兵团第一师农业科学研究所邰红忠所长带队的一行3人来棉花中心座谈并考察了临清试验站。山东棉花中心领导班子和专家代表先后与来访领导、专家就目前新疆棉花生产上存在的一些问题，在棉花品种选育、栽培和植保技术及产业发展对棉花科研提出的新要求等多个问题进行了探讨、沟通和交流。

9月1～2日，董合忠与张晓洁、崔正鹏等赴新疆生产建设第七师农业科学研究所基地考察了轻简化栽培品种和技术试验示范情况。2～4日，围绕棉花轻简化栽培技术等进行了讨论和交流。

9月9～10日，山东棉花研究中心在东营和滨州市主持召开棉花轻简化机械化生产现场观摩与技术交流会（图7-13）。驻山东的部分国家棉花产业技术体系岗位专家和试验站长、山东省农业专家顾问团棉花分团成员、山东省现代农业产业技术体系创新团队全体成员、滨州市和东营市农业局以及农机局有关领导和专家共50多人参加了会议。

图7-13　棉花轻简化机械化生产现场观摩与技术交流会

9月20～21日，应中国农业科学院棉花研究所和河北省农业科学院棉花研究所邀请，董合忠参加了中国农业科学院棉花研究所在石家庄主办的"棉花轻简化植棉高层论坛"，并作了"棉花晚密简轻简化栽培技术"的报告。

9月22～23日，山东棉花研究中心联合山东省现代农业产业技术体系棉花创新团队在济宁金乡县成功召开了短季棉蒜后直播简化栽培技术现场观摩会。在近几年试验研究的基础上，初步建立了以蒜后机械直播、合理密植、化学整枝、集中成铃为核心内容的短季棉蒜后直播简化栽培技术，在一定程度上解决了传统育苗移栽劳动强度大、机械化程度低的问题，为实现该区植棉全程机械化提供了技术储备。

9月26日，中国农学会组织以中国工程院院士张洪程教授为组长、河北农业大学副校长马峙英教授和中国农业科学院棉花研究所毛树春研究员为副组长的11人专家组，对"棉花轻简化丰产栽培关键技术与区域化应用"成果进行了评价（图7-14）。专家组一致认为，该成果针对我国棉花种植管理繁

图7-14　"棉花轻简化丰产栽培关键技术与区域化应用"成果评价会

琐、用工多、成本高、效益低等突出问题，围绕棉花播种、群体调控、肥水管理等重要环节开展了轻简化关键技术研究，建立了不同棉区棉花轻简化栽培集成技术，成果总体达到国际先进水平。

9月29日，由董合忠、杨国正、田立文、郑曙峰等编著的《棉花轻简化栽培》一书由科学出版社出版。本书是在总结编著者多年研究成果的基础上，结合国内外现有轻简化、机械化植棉的理论与技术成果编著而成。喻树迅院士为本书作序。全书结构完整、内容丰富、重点突出、特色鲜明，学术性与实用性相结合，适应于农业科技工作者、农业技术推广工作者和植棉农民阅读参考，也可作为农业院校师生的参考资料。

10月19日，应滨州市农业局的邀请，董合忠赴滨州市作了题为"棉花轻简化栽培技术"讲座，滨州市各产棉县农业技术人员共50余人参加了讲座。讲座进行了2个小时，很受欢迎。

10月20日，董合忠参加了在利津县召开的山东省机采棉现场会，共有100多人参加会议，山东省农业机械化管理局局长卜祥联出席了会议。

10月27～28日，应全国农业技术推广服务中心经济作物处邀请，赴九江参加了板茬棉花机械直播技术示范田测产，虽然天气不好，但示范比较成功，与复测结果一致。期间，还与江西省棉花研究所的有关领导和专家一起进行了交流。

11月7日，山东省农业厅在泰安召开全省棉花生产与技术研讨会，交流分析各地棉花产业发展现状和存在的问题，研究进一步推进全省棉花提质增效转型升级的工作思路和措施。山东省农业厅有关处室、单位负责同志，有关棉花主产市农业局（农委）分管负责人、棉技（农技、经作）站长，棉花绿色高产高效创建项目实施县项目负责人，以及棉花产业相关组织、企业、金融机构负责人和专家参加了会议。董合忠和李维江参加会议，董合忠围绕振兴山东棉花生产的对策措施在会上作了发言。

12月1日，应山东省棉花生产技术指导站的邀请，董合忠为滨州市滨城区农业技术人员和农民讲授了棉花轻简化栽培技术，山东省棉技站、滨州市农业局、滨城区农业局和各乡镇农技站的领导和技术人员，滨城区植棉农民代表共计150余人参加了培训。

12月6日上午，农业部棉花专家指导组会议在合肥市召开，全体专家组成员参加了会议，农业部种植业管理司副巡视员杨立胜、龙熹处长、陈常兵副处长等出席了会议。这次会议总结了专家组一年的工作，各位专家围绕调研情况发表了棉花轻简植棉提质增效的看法和建议。

7.10 2017年

3月11～12日，山东省棉花研究中心组织召开了全国棉花轻简化生产技术交流会（图7-15）。全国农业技术推广服务中心经济作物处处长李莉、湖北省农业技术推广站站长羿国香、安徽省农业技术推广站站长汪新国、山东省棉花生产技术指导站站长王桂峰、河北省经济作物技术指导总站研究员马立刚，新疆农业科学院经济作物研究所研究员田立文、安徽省农业科学院棉花研究所研究员郑曙峰、国家棉花产业技术体新疆巴州农业科学院研究员李卫平、新疆生产建设兵团第一师农业科学研究所研究员练文明、新疆建设兵团第七师农业科学研究所赵富强，山东省主要产棉市棉技站（经作站）站长，以及山东棉花研究中心有关专家和部分科研骨干共40余人参加了会议。面对

图7-15　全国棉花轻简化生产技术交流会

新形势、新要求，山东棉花研究中心抢抓机遇，在国家棉花产业技术体系、山东省棉花产业技术体系创新团队和山东省农业科学院创新工程等项目的支持下，联合新疆农业科学院经济作物研究所、华中农业大学、安徽农业科学院棉花研究所等单位，开展了棉花精量播种、简化整枝、轻简施肥、群体调控、集中收花等轻简化栽培关键技术及其理论与配套物质装备研究，建立了针对黄河流域、长江流域和西北内陆棉区的棉花轻简化丰产化栽培技术体系，为我国棉花生产从传统劳动密集型向轻简快乐型转变提供了坚实的理论与技术支撑。董合忠、郑曙峰和田立文先后向与会专家汇报了棉花简化栽培技术的研究进展。与会专家对创建的棉花简化栽培技术给予充分肯定，并对进一步完善和加大推广应用提出了若干建设性意见和建议。一致认为，该技术找准了目前我国棉花生产存在的突出问题和农民迫切需求，具有很强的针对性、先进性和实用性，水平高且接

"地气"。在研究方面，专家们建议下一步要在进一步减少用工的基础上，攻克两熟制条件下的配套机械和品种问题，解决秸秆利用问题、棉花采收问题，还要与绿色生产、产业需求对接；在推广方面，要加强科研部门、推广部门、新型经营主体的联合与对接，要尽快形成先进实用、通俗易懂的技术规程，加快该技术的推广应用，为棉花生产轻简节本、提质增效发挥好支撑作用。

3月30～31日，山东省农业厅在滨州市召开了全省棉花生产工作会议，交流总结了2016年山东省棉花生产情况，安排部署了2017年棉花生产以及棉花绿色高产高效创建和提质增效技术模式集成示范项目实施工作。本团队主要成员董合忠、李维江、代建龙等参加了会议。

4月8日，山东省现代农业产业技术体系棉花创新团队2016年度工作会议召开。董合忠在会上强调，根据山东省棉花生产"转方式、调结构"的需要，"十三五"和今后一个时期棉花创新团队也要围绕"棉花轻简化生产"开展工作。为此，要培育丰产优质和适宜轻简化、机械化栽培的棉花新品种；研究优化以棉花精量播种减免间定苗技术为基础，以轻简化管理、优化成铃、集中收花为目标的棉花轻简化栽培技术；建立标准化轻简化示范基地。

4月25日，山东棉花研究中心联合无棣县西小王镇政府举办技术培训班，董合忠就"棉花轻简化栽培技术"对该镇农业技术推广干部、各村主要负责人和植棉大户共计120余人进行了集中技术培训。培训结束后，参会人员集体到培训基地核心区观摩了机播现场。本次活动受到山东电视台农科频道、山东广播电台等多家省内媒体的高度关注，并对活动全程进行了跟踪采访报道。

　　4月25日，山东棉花研究中心联合山东省农业机械技术推广站在夏津县新盛店镇大李庄村召开机采棉种植模式试验示范播种现场会。山东棉花研究中心、山东省农业机械管理局农机技术推广站、德州市农机局、聊城市农机局及所属各县市农业技术和农业机械推广部门的有关领导、技术人员、植棉大户、棉花种植合作社社员等60余人参加了会议。

　　5月2日，山东电视台乡村季风栏目，以"轻松种棉、先做减法"为题对棉花轻简化栽培技术进行了宣传报道，影响很大。

　　5月5日，应山东电视台农科频道的邀请，董合忠直播讲授了"棉花轻简化栽培技术"。在山东卫视节目上直播讲授30分钟，对棉花轻简化栽培技术的推广起到了有力的推动作用（图7-16）。

图7-16　山东卫视讲授棉花轻简化栽培技术

　　5月27日，农业部办公厅关于推介发布2017年农业主推技术的通知（农办科〔2017〕25号），我们联合制定的黄河流域棉花轻简化栽培技术、长江流域棉花轻简化栽培技术、盐碱地棉花高产栽培技术入选全国农业主推技术。

　　6月10日，山东省农业厅和山东省科学技术厅关于发布2017年全省农业主推技术的通知（鲁农科技字〔2017〕16号），我们制定的棉花轻简化丰产栽培技术、盐碱地棉花丰产栽培技术、棉花防早衰栽培技术入选2017年山东省农业主推技术。

6月30日，应山东省农业机械管理局的邀请，参加了由山东天鹅棉业机械股份有限公司承担的"棉花收获机械"等3个项目的验收鉴定。该公司生产的3行棉花收获机械已经定型，正在扩大生产。

7月20日，赴南京参加了南京农机化所主持的公益性农业行业计划项目的验收。该项目的实施对促进黄河流域棉区机采棉发展具有重要意义。

7月26日，参加了在日照召开的山东农业机械学会代表大会。会上董合忠当选副理事长，对于促进棉花农机农艺融合多了一个平台。

7月28日，应山东省棉花生产技术指导站的邀请，在垦利县讲授棉花轻简化丰产栽培技术，200多人参加了培训。

7月29日，应山东省棉花生产技术指导站的邀请，在无棣县讲授棉花轻简化丰产栽培技术，200多人参加了培训。

8月5日，赴南京参加了周治国主持的双减项目课题，听取了项目实施方案的报告，提出了减肥项目的内涵：一是肥料减量；二是施肥减少次数；三是施肥方法简便。

8月7～8日，参加了中国棉花学会年会。这次会议，邀请朱玉贤、裴炎、张天真等院士专家作了主题报告，很受启发。

8月13日，受农业部对外经济合作中心的邀请，为发展中国家棉花培训班讲授了中国特色棉花间作套种技术，来自发展中国家的30多位学员参加了培训。

8月14～15日，以喻树迅院士组长的棉花产业技术体系专家组来山东棉花研究中心中期检查督导工作，首先检查了试验站，然后对位于高唐和夏津的试验示范田进行了检查。今年棉花长势良好，试验示范标准高，得到与院士的高度评价。

8月15～16日，喻院士一行到山东无棣县检查国家棉花产业体系试验示范基地，对棉花轻简化栽培技术示范和盐碱地植棉技术示范给予高度评价。

8月18日，应农业部农技推广服务中心的要求，起草了起草黄河流域棉区棉花后期管理技术意见。

8月23～25日，受全国农业技术推广服务中心的委托，与崔金杰、祝水金一起，先后赴鱼台县、单县和巨野县检查督导棉花提质增效项目。

9月1日，董合忠与张晓洁、代建龙赴高唐县"双花等幅间作定向轮作技术试验"。该技术创造性地采取4行棉花、6行花生间作，棉花和花生等幅；来年棉花和花生定向轮作，以后皆按此进行。该技术有以下几个优点：一是双增产，棉花比等面积纯作棉花增产10%～20%，花生增产5%以上；二是省肥，棉花可减少氮肥投入20%；三是烂铃减少，品质提高。

9月11～13日，应农业部种植业司的邀请，赴新疆尉犁县参加了棉花提质增效项目考察。龙熹处长带队，李雪源、周亚利等一同考察。尉犁县在棉花提质增效方面做了大量探索，成效显著。

9月21日，赴新疆沙雅县参加了由中国农学会组织的成果评价会，对喻树迅院士团队研发的科技成果"南疆无膜棉新品系培育及栽培技术创新示范"进行了评价。认为，该成果为彻底解决棉田残膜污染创新提供了具有颠覆性潜力的技术途径，关键技术达到国际领先水平。

9月23日，应岗位专家李雪源的邀请赴新疆阿拉尔市参加了塔河种业科技论坛，并在论坛上作了"棉花轻简化丰产栽培关键技术及其理论基础"的报告。

9月28日，赴北京参加了中华农业科技奖答辩。6家单位合作完成的"棉花轻简化丰产栽培关键技术与区域化应用"会评为"中华农业科技奖一等奖"。

10月14日，参加了山东省科技进步奖视频答辩，6家单位合作完成的"棉花轻简化丰产栽培技术体系机在主产棉区的应用"初评获得"山东省科技进步一等奖"。

10月17日，"全国棉花生产全程机械化推进活动"在位于无棣县西小王镇的山东棉花研究中心棉花轻简化机械化示范基地成功举行。这次活动由农业部农业机械化管理司会同农业部农业机械化技术开发推广总站、农业部主要农作物全程机械化推进行动专家组棉花专业组主办，200余人参加了本次活动。一致认为，建立的棉花轻简化机械化生产示范基地，以及演示和展示的相应机械，代表了黄河流域棉花全程机械化生产的最高水平（图7-17）。

图7-17 全国棉花生产全程机械化推进活动（2017年10月17日，山东无棣）